U0391442

“特色经济林丰产栽培技术”丛书

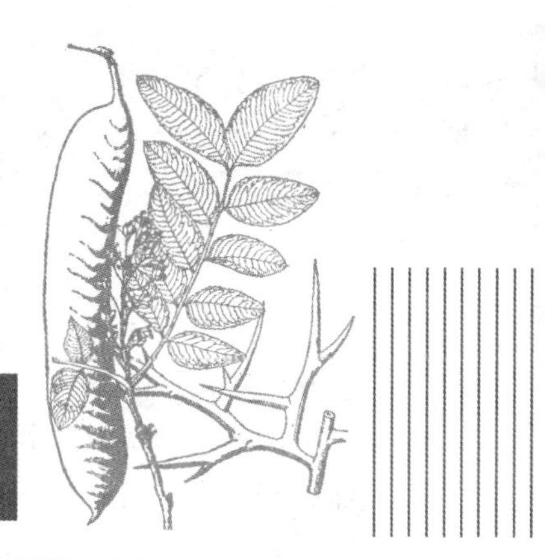

# 皂荚

郝向春　韩丽君　雷永元 ◎ 主编

中国林业出版社

## 内容提要

本书主要对皂荚良种繁育及其丰产栽培技术的基础知识作了较为详细介绍，具体内容包括基本概述、栽培品种、育苗技术、采穗圃营建技术、造林与建园技术、野皂荚灌木林嫁接改造技术、土肥水管理技术、整形修剪技术、主要病虫害防治技术等。该书可供从事皂荚研究、推广、开发利用等相关人员参考使用。


图书在版编目(CIP)数据

皂荚/郝向春，韩丽君，雷永元主编. —北京：中国林业出版社，2020.6
(特色经济林丰产栽培技术)

ISBN 978-7-5219-0590-8

Ⅰ.①皂… Ⅱ.①郝… ②韩… ③雷… Ⅲ.①皂荚－栽培技术
Ⅳ.①S792.99

中国版本图书馆CIP数据核字(2020)第084989号

责任编辑：李敏　王越

出版发行　中国林业出版社(100009　北京市西城区德胜门内大街刘海胡同7号)
电话：(010)83143575　http://www.forestry.gov.cn/lycb.html
印　　刷　河北京平诚乾印刷有限公司
版　　次　2020年10月第1版
印　　次　2020年10月第1次
开　　本　880mm×1230mm　1/32
印　　张　4.75
彩　　插　4面
字　　数　141千字
定　　价　40.00元

# “特色经济林丰产栽培技术”丛书
## 编辑委员会

## 《特色经济林丰产栽培技术——皂荚》编委会

**主　　编：** 郝向春　韩丽君　雷永元

**编写人员：** 郝向春　韩丽君　雷永元　陈　思
翟　瑜　周　帅　徐　璐　张　娜
陈天成　任　达

# 序

党的十八大以来，习近平总书记围绕生态文明建设提出了一系列新理念、新思想、新战略，突出强调绿水青山既是自然财富、生态财富，又是社会财富、经济财富。当前，良好生态环境已成为人民群众最强烈的需求，绿色林产品已成为消费市场最青睐的产品。在保护修复好绿水青山的同时，大力发展绿色富民产业，创造更多的生态资本和绿色财富，生产更多的生态产品和优质林产品，已经成为新时代推进林草工作重要使命和艰巨任务，必须全面保护绿水青山，积极培育绿水青山，科学利用绿水青山，更多打造金山银山，更好实现生态美百姓富的有机统一。

经过70年的发展，山西林草经济在山西省委省政府的高度重视和大力推动下，层次不断升级、机构持续优化、规模节节攀升，逐步形成了以经济林为支柱、种苗花卉为主导、森林旅游康养为突破、林下经济为补充的绿色产业体系，为促进经济转型发展、助力脱贫攻坚、服务全面建成小康社会培育了新业态，提供了新引擎。特别是在经济林产业发展上，充分发挥山西省经济林树种区域特色鲜明、种质资源丰富、产品种类多的独特优势，深入挖掘产业链条长、应用范围广、市场前景好的行业优势，大力发展红枣、核桃、仁用杏、花椒、柿子“五大传统”经济林，积极培育推广双季槐、皂荚、连翘、沙棘等新型特色经济林。山西省现有经济林面积1900多万亩，组建8816个林业新型经营主体，走过了20世纪六七十年代房前屋后零星种植、八九十年代成片成带栽培、21世纪基地化产业化专业化的跨越发展历程，林草生态优势正在转变为发展优势、产业优势、经济优势、扶贫优势，成为推进林草事业实现高质量发展不可或缺的力量，承载着贫困地区、边远山区、广大林区群众增收致富的梦想，让群众得到了看得见、摸得着的获得感。

随着党和国家机构改革的全面推进，山西林草事业步入了承前启后、继往开来、守正创新、勇于开拓的新时代，赋予经济林发展更加艰巨的使命担当。山西省委省政府立足践行“绿水青山就是金山银山”的理念，要求全省林草系统坚持“绿化彩化财化”同步推进，增绿增收增效协调联动，充分挖掘林业富民潜力，立足构建全产业链推进林业强链补环，培育壮大新兴业态，精准实施生态扶贫项目，构建有利于农民群众全过程全链条参与生态建设和林业发展的体制机制，在让三晋大地美起来的同时，让绿色产业火起来、农民群众富起来，这为山西省特色经济林产业发展指明了方向。聚焦新时代，展现新作为。当前和今后经济林产业发展要走集约式、内涵式的发展路子，靠优良种源提升品质、靠管理提升效益、靠科技实现崛起、靠文化塑造品牌、靠市场打出一片新天地，重点要按照全产业链开发、全价值链提升、全政策链扶持的思路，以拳头产品为内核，以骨干企业为龙头，以园区建设为载体，以标准和品牌为引领，变一家一户的小农家庭单一经营为面向大市场发展的规模经营，实现由“挎篮叫买”向“产业集群”转变，推动林草产品加工往深里去、往精里做、往细里走，以优品质、大品牌、高品位发挥林草资源的经济优势。

正值全省上下深入贯彻落实党的十九届四中全会精神，全面提升林草系统治理体系和治理能力现代化水平的关键时期，山西省林业科技发展中心组织经济林技术团队编写了“特色经济林丰产栽培技术”丛书。文山同志将文稿送到我手中，我看了之后，感到沉甸甸的，既倾注了心血，也凝聚了感情。红枣、核桃、杜仲、扁桃、连翘、山楂、米槐、皂荚、花椒、杏10个树种，以实现经济林达产达效为主线，围绕树种属性、育苗管理、经营培育、病虫害防治、圃园建设，聚焦管理技术难点重点，集成组装了各类丰产增收实用方法，分树种、分层级、分类型依次展开，既有引导大力发展的方向性，也有杜绝随意栽植的限制性，既擘画出全省经济林发展的规划布局，也为群众日常管理编制了一张科学适用的生产图谱。文山同志告诉我，这套丛书是在把生产实际中的问题搞清楚、把群众的期望需求弄明白之后，经过反复研究修改，数次整体重构，经过去粗取精、由表及里的深入思考和分析，历经两年才最终成稿。我们开展任何工作必须牢固树立以人民为中心的思想，多做一些打基础、利长远的好事情，真正把群众期盼的事情办好，这也是我感到文稿沉甸甸的根本原因。

科技工作改善的是生态、服务的是民生、赋予的是理念、破解的是难题、提升的是水平。文稿付印之际，衷心期待山西省林草系统有更多这样接地气、有分量的研究成果不断问世，把经济林产业这一关系到全省经济转型的社会工程，关系到林草事业又好又快发展的基础工程，关系到广大林农切身利益的惠民工程，切实抓紧抓好抓出成效，用科技支撑一方生态、繁荣一方经济、推进一方发展。

山西省林业和草原局局长

2019年12月

# 前言

“十三五”时期是我国全面建成小康社会的决胜期，也是全面完成脱贫的攻坚期。皂荚(*Gleditsia sinensis*)是重要的生态经济型乡土阔叶树种，是近年来我国新兴发展的特色经济林树种，其产业化发展在农村产业结构调整、产业扶贫中发挥着及其重要的作用，大力发展皂荚产业是践行“绿水青山就是金山银山”理念，打赢生态治理和脱贫攻坚两场战役的重要举措。

本书编委会立足生产，从科学、实用出发，总结了山西省林业科学研究院皂荚课题组10余年、在皂荚繁育和栽培方面的科研成果与实践经验，并广泛搜集和借鉴了全国皂荚科研、生产、管理等单位关于皂荚产业发展的新成果、新技术、新经验，编写成书。本书主要针对皂荚良种繁育及其丰产栽培技术的关键技术进行了详细介绍，具体内容包括基本概述、栽培品种、育苗技术、采穗圃营建技术、造林与建园技术、野皂荚灌木林嫁接改造技术、土肥水管理技术、整形修剪技术、主要病虫害防治技术等。在皂荚主要栽培品种部分嵌入二维码，读者通过手机扫描更直观看到其原色图片及详细文字介绍。

在本书编写过程中，得到山西绿源春生态林业有限公司、平顺县皂荚扶贫攻坚造林专业合作社、襄汾县汾城果树种植购销专业合作社等单位的大力支持并提供了很多宝贵的资料，在此表示衷心的感谢！对所有在皂荚研究中提供过帮助的老师和朋友，借此一并致以诚挚的谢意！本书可供从事皂荚研究、推广、生产、开发利用等相关人员参考使用。

由于时间仓促、水平有限，书中失当疏漏之处，诚请批评指正。

郝向春　韩丽君　雷永元

2019 年 11 月

# 目 录

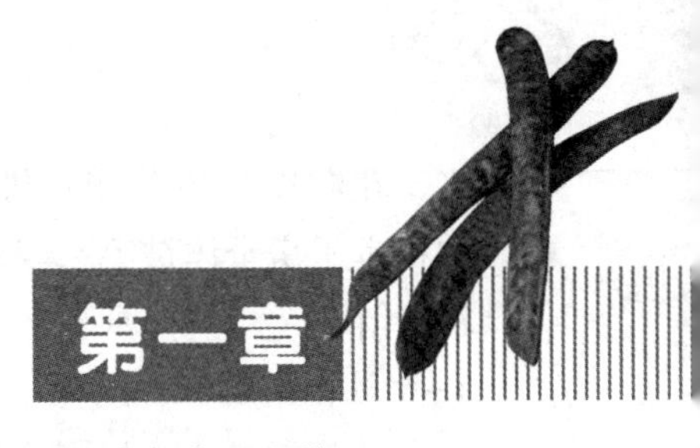

# 第一章 皂荚概述

## 一、皂荚属植物

皂荚属(*Gleditsia*)植物属豆科，全球共有16种(亚洲、非洲和美洲)，中国有10种，目前山西省种植皂荚品种有4个种，皂荚、山皂荚、野皂荚、美国皂荚(三刺皂荚)。

### (一)皂荚

皂荚(*Gleditsia sinensis*)，又名皂角，群众俗称狼牙刺、马角刺、白刺花、鸡栖子、悬刀等。在我国有着两三千年的栽培历史，寿命可达千年。

落叶乔木或小乔木，高15~30米；枝灰色至深褐色；刺粗壮，圆柱形，常分枝，多呈圆锥状，长达16厘米，叶为一回羽状复叶，长10~18(26)厘米；小叶(2)3~9对，纸质，卵状披针形至长圆形，长2.0~8.5 (12.5)厘米，宽1~4(6)厘米，先端急尖或渐尖，顶端圆钝，具小尖头，基部圆形或楔形，有时稍歪斜，边缘具细锯齿，上面被短柔毛，下面中脉上稍被柔毛；网脉明显，在两面凸起；小叶柄长1~2(5)毫米，被短柔毛。

花杂性，黄白色，组成总状花序；花序腋生或顶生，长5~14厘米，被短柔毛；雄花：直径9~10毫米；花梗长2~8(10)毫米；花托长2.5~3.0毫米，深棕色，外面被柔毛；萼片4，三角状披针形，长3毫米，两面被柔毛；花瓣4，长圆形，长4~5毫米，被微柔毛；雄蕊8(6)；退化雌蕊长2.5毫米；两性花：直径10~12毫米；花梗长2~5毫米；萼、花瓣与雄花的相似，唯萼片长4~5毫米，花瓣长5~6毫米；雄蕊8；子房缝线上及基部被毛(偶有少数湖北标本子房全体被毛)，柱头浅2裂；胚珠多数。荚果带状，长12~37厘米，宽2~4厘米，劲直或扭曲，果肉稍厚，两面臌起，花期5~6月，果期10月。

皂荚喜光，稍耐阴，生于山坡林中或谷地、路旁，海拔自平地至2500米。常栽培于庭院或宅旁。在微酸性、石灰质、轻盐碱土甚至黏土或沙土均能正常生长。属于深根性植物，具较强耐旱性，寿命可达六七百年。皂荚根系发达，抗性强，在中性土、石灰质土、黏土、沙土甚至盐碱地上均能正常生长，耕地、荒地、丘陵、山坡都能栽种，最适宜在荒山荒坡发展。皂荚特别耐干旱，也耐瘠薄，喜光、喜温，属喜光树种，在阳光条件充足、土壤肥沃的地方生长很好。适生于无霜期不少于180天，年平均气温不低于9℃，最低温度不低于－15℃，光照不少于2400小时，降水量不低于300毫米，不超过800毫米，海拔1200米以下，坡度25°以下的区域。幼龄时生长较快，以后中速生长，生物学寿命和经济寿命都很长。皂荚挂果需3~5年，盛果期要8~10年以后。

皂荚树对氯气、二氧化硫、铅、镉等有较强的抗性，对大气中的细菌和真菌有抑制作用。据有关专家报告：40米宽的皂荚林带，可减弱噪声10~20分贝；空地每立方米空气中有3万~4万个细菌和真菌，而皂荚林中只有300~400个；1亩皂荚林一年可吸收各种粉尘2~6吨，是城乡景观林和道路绿化的好树种。由于其刺多，也是重要的绿篱树种；同时也是退耕还林工程、精准扶贫工程的首选树种。

皂荚主要分布在河北、山东、河南、山西、陕西、甘肃、江苏、安徽、浙江、江西、湖南、湖北、福建、广东、广西、四川、贵州、云南等地。山西主要分布于中条山垣曲马家河、皋落镇，阳城桑林、蟒河、芮城学张乡，夏县水头镇，永济清华乡、虞乡镇等地。生于海拔500~110米山坡、溪边。太原、忻州、运城、临汾、交城、阳泉等地习见栽培。

### (二)山皂荚

山皂荚(*Gleditsia melanacantha*)，又名山皂角、皂角树、皂荚树、悬刀树、荚果树、乌犀树、鸡栖子等。落叶乔木或小乔木，主要特征为：树皮灰黑色，浅纵裂，小枝紫褐色，脱皮后灰绿色，微有棱，光滑无毛，皮孔白色；刺，分枝状，略扁、粗壮，紫褐色至棕黑色，长2~15.5厘米。叶，一回或二回羽状复叶，总长11~25厘米，有小叶3~10对，纸质至厚纸质，卵状长圆形或卵状披针形至长圆形，长2~7(9)厘米，宽1~3(4)厘米，先端圆钝，微凹，基部宽楔形或圆形，微偏斜，全缘具细圆锯齿或波状疏圆齿，上面被短柔毛或无毛，微粗糙，略有光泽，下面基部及中脉微被柔毛，老时脱落，网脉不明显；小叶柄极短；花期4~6月，花黄绿色，单性花，雌雄异株，雄花为总状花序，长8~20厘米，直径5~6毫米；花托长约1.5毫米，深棕色，外面密被褐色短柔毛；萼片3~4片，三角状披针形，长约2毫米，两面均被柔毛；花瓣4片，椭圆形，长约2毫米，被柔毛；雄蕊6~8(9)；雌花为穗状花序，长5~16厘米，直径5~6毫米；花托长约2毫米；萼片及花瓣均为4~5片，形状同雄花，长约3毫米，两面密被柔毛，不育的雄蕊4~8个，子房无毛，花柱短，下弯，柱头膨大，2裂，胚珠多数，花期4~6月；荚果带形，扁平，革质、棕黑色、扭曲，常具泡状隆起，无毛，有光泽，长达20~35厘米，宽2~4厘米，不规则旋扭或弯曲作镰刀状，先端具长5~15毫米的喙，果柄长1.5~3.5(5)厘米，果期6~11月；种子多数，椭圆形，长9~10毫米，宽5~7毫米，深棕色，光滑。

该种喜光，根深，抗干旱，耐盐碱能力强。生于向阳坡或谷地、溪边，海拔100~1000米。分布于辽宁、河北、山东、山西、河南、江苏、安徽、浙江、江西等地。山西主要分布在太原、阳泉、忻州、离石、太谷等地。

### (三)野皂荚

野皂荚(*Gleditsia microphylla*)是灌木或小乔木，高2~4米，枝条

灰白色；幼枝密生短柔毛，老时脱落；刺不粗壮，长针形，长1.5~6.5厘米，有少数短小分枝；当年生枝密被灰黄色短柔毛，叶为一或二回羽状复叶，总长7~16厘米，小叶5~12对，薄革质，斜卵至长椭圆形，长6~24毫米，宽3~10毫米，上部的小叶比下部的小得多，先端圆钝，基部偏斜，阔楔形，边全缘，上面无毛，下面疏生短柔毛；花杂性，绿白色，近无梗，簇生，穗状花序或顶生圆锥花序，花序长5~12厘米，被短柔毛，苞片3个，上面两片卵形，长1毫米，被柔毛，最下一片披针形，长1.5毫米，雄花直径约5毫米，花托长约1.5毫米，萼片3~4片，披针形，长2.5~3.0毫米；花瓣3~4片，卵状长圆形，长3毫米，与萼片外面均被短柔毛，里面被长柔毛，雄蕊6~8个；两性花的直径约4毫米，萼裂片4片，三角状披针形，长1.5~2.0毫米，两面密生短柔毛，花瓣4瓣，卵状长圆形，长2毫米，外面被短柔毛，里面被长柔毛，雄蕊4个，与裂片对生；雌花有退化的雄蕊，子房具长柄，无毛；有胚珠1~3个；荚果扁而薄，具喙尖，长3~6厘米，宽1~2厘米，红棕色至深褐色，果柄长1~2厘米；种子1~3粒，扁卵形或长圆形，长7~10毫米，宽6~7毫米，褐棕色，光滑。花期6~7月，果期7~10月。分布于河北、山东、山西、河南、陕西、江苏、安徽等地。多生于向阳山坡或路边，海拔130~1300米。山西主要分布在运城、临汾、阳泉、长治、晋城等地。

**(四)美国皂荚**

美国皂荚(*Gleditsia triacanthos*)，又名三刺皂荚。落叶乔木，高4~6米，在原产地可达45米。树冠开展，多分枝；树皮粗糙，暗褐色；小枝灰绿色或灰棕色，无毛，微有光泽，疏具灰白色皮孔；树干与枝具刺，刺粗壮，有分枝，微尖，长6~10厘米。一至二回羽状复叶，簇生；叶轴长10~20厘米，有细毛，具槽；一回羽状复叶有小叶10~15对，长圆状披针形或长圆状卵形，长2.0~3.5厘米，先端钝或稍锐尖，全缘或疏生圆形细齿，下面沿中脉有白毛；二回羽状复叶有羽片4~7对，小叶长0.8~2.0厘米。总状花序，长5~7

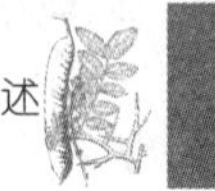

厘米，花梗极短；花小，长 4～5 毫米，被柔毛；萼筒宽钟形；花瓣与萼片近等长；花丝有毛；花柱柱头大，胚珠多数。荚果镰形，长 20～40 厘米，宽 2.5～4.0 厘米，扁平，有窄边缘，常为波状弯曲，暗褐色，不开裂。种子长圆形，长达 1.5 厘米。花期 5～6 月，果期 8～9 月。原产北美，忻州市有栽培。我国新疆南部和伊犁地区引种栽培。喜深厚湿润肥沃土壤。

## 二、主要经济价值及市场前景

在“肥皂”“洗衣粉”“洗发液”“洗涤剂”等日化产品问世之前，皂荚就是我国沿用了两二千年的天然洗涤剂。在数千年的历史长河中，人们就是靠皂荚来洗衣物、洗头发的。只要有人家的地方就有皂荚树，哪怕只有一户人家的独家村，都必须栽一两株皂荚树，因为人们必须洗衣服、洗头发，皂荚树是必不可少的。现在随着人们生活水平的不断提高、环保意识的逐步增强，纯天然无公害的植物洗护用品倍受青睐。我们乐观地预计，今后使用纯天然无公害的皂素来生产的洗护用品，会逐渐取代化学的洗护用品。

### （一）主要经济价值

#### 1. 皂荚种子

从皂荚种子中提取的植物胶具有较好的胶联性能、絮聚性能、增黏和耐盐性能，可用作胶凝剂、絮凝剂、分散剂、增稠剂、黏结剂等，广泛应用于食品、日化、医药、石油开采、采矿选矿、日用陶瓷、印染浆纱、兵工炸药等多种行业。

#### 2. 皂荚荚果

荚果中含有三萜类皂甙（皂素）等天然活性成分，从皂荚种皮中也可以提取皂荚皂甙，这些活性剂呈中性，易生物降解，对皮肤无刺激，对人体无毒无害，同时还有一定的去污能力和起泡性，是一种很有潜力的极强性非离子的天然表面活性剂。皂甙素还可以用来配制洗涤剂、金属清洗剂、起泡剂，是一种在医药、食品和日用化工上有广泛应用前景的天然原材料。

3. 皂荚刺

皂荚刺在《本草纲目》中早有记载，又称皂荚针、天丁、皂针等，为豆科落叶乔木植物皂荚树的棘刺，具有消肿脱毒、排脓、杀虫等功效。中医临床用于痈疽肿毒，均有较好的治疗效果。皂荚刺中提取的黄酮类化合物、皂荚的浓缩液具有抗癌特性，为我国传统中药材，是中医治疗乳腺癌、肺癌等多种癌症常用的配伍药之一，被列为抗癌中草药之一。

4. 皂荚米

俗称雪莲子、皂荚仁、皂荚精，为皂荚的种子，秋季果实成熟时采收，剥取种子晒干，并将种皮剥落而得。属高能量、高碳水化合物、低蛋白、低脂肪食物。富含丰富的胶原蛋白，具有养心通脉、清肝明目、美容养颜等功效。具有放水加热膨胀，胶质半透明，香糯润口，是调和人体脏腑功能的珍贵纯天然绿色滋补食品，特别适合糖尿病患者食用。

5. 皂荚皮

它是天然的工业洗涤产品，可用于动物毛皮制品的清洗加工，加工后毛皮具有柔软、光泽好之优点。也可从皂荚皮中提取制药用的激素等材料。

**(二)产业应用现状**

由皂荚经济器官通过加工、深加工可制备得到的产品有：皂荚多糖胶、皂荚功能性低聚糖、皂荚凝胶多糖、有机蛋白质、皂荚皂素、皂刺粉、皂荚胶合板、叶蛋白饲料、抗肿瘤药物中间体等。

1. 行业生产现状

(1)日用化工

在古代，人们就将皂荚作为洗涤剂使用；在现代，由于合成活性剂的快速发展和其优良性能，皂荚的用量日益减少。但随着人们环保意识的增强，由皂荚提取出的天然活性剂又重新获得重视，许多采用皂荚活性剂与合成活性剂复配所制成的新型洗涤产品深受用户喜爱。在广州、云南、山东等地有相关生产厂家。

(2)医药行业

① 直接使用原药材(皂荚刺)，水煎治疗急性扁桃体炎；皂刺粉，外用适量，醋煎涂，或研末撒，或调敷；② 制成中成药，比如骨质增生外敷灵等；③ 皂荚粉，纯天然皂荚粉使用方法：最佳效果——煮沸后使用(千年古法)。洗头：用 1 ~ 2 汤匙皂荚粉 15 ~ 35 克装入布包加 500 毫升左右的开水，搅拌均匀，等水温合适过滤后就可用来洗头了；洗衣服：皂荚粉用茶包装好，适量加水煮开后 5 分钟，将茶包拿出来，剩下的水浸泡要洗的衣服，过一会很快就能洗干净了；清洁各种餐具时取适量调成糊状即可清洗，非常方便快捷。

(3)植物胶的应用

从皂荚豆种子胚乳中提取出的皂荚豆胶是一种多糖胶，主要成分是半乳甘露聚糖。半乳甘露聚糖植物胶是工业上广泛应用的胶类之一，主要分为食用级和工业级的。

① 食品行业主要用于改善和增加食品的黏稠度；保持流态食品、胶冻食品的色、香、味和稳定性；改善食品物理性状，并能使食品有润滑适口的感觉。皂荚胶别名皂荚子胶、甘露糖乳胶。目前上海、郑州、石家庄、武汉、广东有相关企业进行生产。

② 工业使用中可取代进口瓜尔胶，用作胶凝剂、絮凝剂、分散剂、增稠剂、黏结剂等，是天然、绿色的工业原料。上海、徐州有相关生产厂家。

(4)食药同源保健品

皂荚是一种美食，含有植物胶原蛋白，既可延缓消化速度，又具增加皮肤弹性之效，故有植物燕窝之称。皂荚米稀饭成为云南家庭夏日的常备药膳，皂荚米食用方法：可以煮粥、清炖、煮鸡肉汤或排骨汤、煮鸡肝或猪肝、保温壶泡饮。目前昆明、云南、成都有生产厂家。

(5)皂荚提取物生产

食品和日用行业大部分利用的是皂荚提取物，其化学成分含皂荚皂甙、棕榈酸、硬酯酸、油酸、亚甾醇、谷甾醇、二十九碳烷等。西安、河南、宁夏有生产厂家。

2. 种植现状

(1)人工栽培

我国目前现存皂荚树资源较少，现在直径20厘米以上的皂荚树呈散生分布，每年都在大量地减少。20世纪50~60年代，国内各地以四旁绿化为目的进行皂荚栽培，近十年来，河南、陕西、山西、河北、山东等地以经济效益为主要目标开始广泛栽培皂荚，受益最早的是河南嵩县皂荚种植专业户，栽植8年后每亩收入可达1万多元。

山西省皂荚栽培起步较早，全省栽培面积约有2.5万亩。绛县从2005年开始发展皂荚，推广中国林业科学研究院皂荚果用良种，保存面积约有1万亩。近五年来，皂荚在国有林区进行示范性造林，比如吕梁林局、中条林局、太行林局、关帝林局累计造林面积在666.67公顷以上。在临汾、运城两市栽培面积近333.33公顷。皂荚良种化进程也在不断加快，山西省林业科学研究院与山西绿源春生态林业有限公司共同审定的良种‘帅丁’皂荚已经得到一定面积推广。

(2)野皂荚嫁接改造

山西省野皂荚资源面积近20万公顷。利用野皂荚发达的根系，平茬后嫁接优良皂荚，不仅可以提高森林覆盖率，而且能提高林地生产力，增加农民收入。

山西省从2006年开始在襄汾县、运城盐湖区进行野皂荚嫁接改造并取得了明显经济效益，山西绿源春生态林业有限公司嫁接改造野皂荚灌木林近133.33公顷，最早嫁接的已经取得了较好经济效益，果刺每亩可收入约5000元。襄汾县累计嫁接改造野皂荚600多公顷。2015年7月，在运城盐湖区召开了山西省皂荚产业发展管理与技术培训会，全省皂荚产业发展势头明显增强。据了解，2018年春季全省共嫁接改造约966.67亩。

### (三)市场竞争力分析

1. 医药市场分析

2009—2011 年，皂荚刺不能满足药用需求，上市无量，供求的矛盾日渐突出，随着人工费用的提高和采收难度的增大，产地新货产量降低，2011 年市场一般统货售价每千克 55 ~ 60 元。2013 年，皂刺需求不断扩大，但资源有限，产量供不应求，货源持续紧张，市场行情再次攀升。据三七网收集到的 2016 年 6 月 24 日全国药材价格行情中，全国皂荚刺每千克价格指数走势如下：安国药材市场大皂荚刺 119 元；亳州药材市场大皂荚刺 122 元；荷花池药材市场大皂荚刺 150 元；河南嵩县皂荚刺 131 元。从 2017 年开始，由于皂荚刺产量不断增大，深加工企业发展相对缓慢，导致市场行情一路下滑，据了解 2018 年山东、山西市场，从种植户生产基地收购主杆皂荚刺价格在每千克 50 元。

目前皂荚刺产地主要有河南、湖北、安徽、陕西、甘肃等，其中以河南、湖北产量略多，皂荚刺质量最好。特别是河南嵩县九店的皂荚刺全国闻名，凡种植和收购皂荚刺的单位和个人都把嵩县作为首选地。全县皂荚种植面积达到 1166. 67 公顷，每年从外地采集 400 余吨，全县生产收售皂荚刺达 700 余吨，总年产量 1100 多吨。其中国内大型制药企业每年在九店都要收购皂荚刺 500 吨以上，作为原材料进行加工。

随着国务院《中医药发展战略规划纲要(2016—2030 年)》的提出，中医药产业成为国民经济重要支柱之一。国家大力支持中药材种植(养殖)标准化、规模化、专业化、区域化生产，培育龙头企业，发展一批聚集效应突出的现代中药产业基地，提高我国中药产业的国际竞争能力。由此看来，中药材市场未来前景较好。而皂荚刺作为抗癌中草药，功效显著，其需求量定会与日俱增。

2. 日用化工市场分析

随着人们生活水平的不断提高，环保意识的逐渐增强，消费者对衣食住行各个方面有了更高的要求，纯天然无公害的植物洗护用品备受青睐。皂荚日用品呈中性，泡沫丰富，易生物降解，对皮肤无刺激，效果显著，无副作用。

就洗发水市场而言，目前，中国是全球最大的洗发水产品销售大国，洗发水总产量已达到30多万吨，总产值达350亿，年均增长15%以上；而中草药概念洗发水占据其中35%的市场份额，并以每年16%的速度增长。由此可见，高效环保型皂荚日用产品发展潜力巨大。

3. 工业原料市场分析

我国目前以上行业对半乳甘露聚糖胶的年需求量在4万吨以上，仅在石油行业用作油井压裂液稠化剂就需要6000吨，而我国目前年产质量参差不齐的半乳甘露聚糖胶不足2000吨(主要是田菁胶、胡芦巴胶等)远远不能满足要求。预测未来五年内，我国对半乳甘露聚糖胶的需求量年递增10%。因此，我国需要继续大力寻找开发我国半乳甘露聚糖胶新资源。

国外应用最广、研究最深、质量最好的半乳甘露聚糖型植物胶是瓜尔胶，其年消耗量已超过30万吨。我国除用耗费大量粮食生产的相关物质作为代用品外，每年还要花4亿元的资金从国外进口瓜尔胶。

我国基本没有产瓜尔胶原料的植物，一直靠进口引进(主要产地印度)应用或再改性加工，国际市场上瓜尔胶等原料的货源紧俏且价格时有上涨，因此迫切需要在国内开发其替代原料，国产皂荚胶与进口瓜尔胶等植物胶相比，具有性能相近、产量高、易加工且成本低的优势。因此，大力发展皂荚植物胶，具有广阔的市场前景。

4. 保健品市场分析

据了解，2010年中国国内的保健品市场规模有1000亿。据权威预测，到2020年中国大陆的保健品销售将达到4500亿左右。从2010—2020年期间，将是中国保健品市场增长的黄金时间。随着社会的发展，个人收入的增长以及国民素养的普遍提高，保健品的人均消费金额在提升，消费理念在成熟，保健健康的需求将更加刚性和迫切，保健品消费占家庭消费的比重将持续增长。作为“药食同源”的天然产物，无毒、无副作用，绿色保健品必将广泛受到重视。

21 世纪保健品行业将呈现出空前的大发展，以传统中医药科学为基础的药食同源性产品也将蓬勃发展。而皂荚食用产品作为新型药食同源保健品，将受到更多人的关注，成为保健品市场的生力军。

**(四) 种植皂荚经济效益**

虽然历史上全国多地都有皂荚树，但多数只是零散栽植，没有成规模大片栽培的，科研方面也缺乏系统研究和开发利用。运城市盐湖区山西绿源春生态林业有限公司，经过十多年艰苦探索，把传统皂荚树变成了一种新兴的经济林树种，得到了推广和应用。

最近几年来，全国各地掀起了皂荚种植热潮，皂荚深加工产品不断涌现，产业链不断延伸。随着皂荚产业升温，皂荚和皂荚种子价格节节攀升，过去皂荚 1 斤[①] 2 ~ 3 元，2018 年上涨到 4 ~ 6 元；2016 年皂荚种子 1 斤 40 多元，2018 年上涨到 70 多元。栽种皂荚，山地 1 亩地能产果 300 ~ 500 斤，产刺 15 斤以上，最低收入 1500 ~ 2000 元；如果在耕地上建园，新品种皂荚，丰产稳产，管理到位的栽种 5 年后株产 10 斤以上，皂刺 1 斤左右，每株收益 80 元以上，按每亩栽种 55 株计，亩收益最低在 4000 元以上，随着树龄增长，收益还会不断提高。

## 三、栽培品种

### (一) 果用皂荚主要栽培品种

1. ‘G202’

树冠阔卵形，生长健旺，荚果长有弯，又称“镰荚皂荚”。荚果最长 36 厘米，有光泽。单果重 41 ~ 69 克，宽厚比 2.6 ~ 3.7，千粒重 610 ~ 810 克。成龄树产种量 8.3 万~ 11.4 万粒。富含植物胶，是优良的多功能生态经济型品种，最适宜营建“皂荚园”，是绿色产业

---

① 1 斤 =500 克，下同。

化基地建设的优良种植材料。产荚量高，出籽率较高，树木生长量大。抗旱，耐瘠薄，病虫害少。

2.‘G302’

树冠广卵形，生长健旺。荚果直长而扁，有尾尖，又称“扁荚皂荚”。果实表面带白粉，最长 34 厘米，单果重 23～51 克，宽厚比 2.1～2.9，千粒重 430～610 克。成龄树株年产种子量 5.1 万～8.7 万粒。植物胶含量高，是优良的多功能生态经济型品种，最适宜营建“皂荚园”，是绿色产业化基地建设的优良种植材料。适应性广，产荚量高，结实大小年不明显。出籽率高，树木生长量大，抗旱，耐瘠薄，病虫害少。

3.‘G303’

树冠广圆形，生长健旺，适应性强。荚果圆形，又称“圆荚皂荚”，有光泽。果实宽厚比 1.8～2.3，长宽比 5.9～8.2，单果重36～55 克，千粒重 400～720 克。成龄单株年产种子量 4.9 万～8.9 万粒。植物胶具有特用价值，是优良的多功能生态经济型品种，最适宜营建“皂荚园”，是绿色产业化基地建设的优良种植材料。适应性广，结实大小年差异较小。产荚量高，树木生长量大，抗旱，耐瘠薄，病虫害少。

4.‘G403’

树冠广卵形，生长健旺，侧枝较长。荚果亮光，又称“亮荚皂荚”。单果重 20～49 克，宽厚比 2.2～2.7，千粒重 410～670 克。成龄树株产种量 5.7 万～9.0 万粒。植物胶具有特用价值，是优良的多功能生态经济型品种，最适宜营建“皂荚园”，是绿色产业化基地建设的优良种植材料。产荚量高，树木生长量大，抗旱，耐瘠薄，病虫害少。

以上 4 个品种均由中国林业科学研究院林业研究所，组织 6 个省(区、市)的 11 个单位，历经 10 年选择与田间试验，又连续 3 年定位测定，于 1991—2001 年选育成功，并通过了国家林业局组织的品种鉴定。

5.‘帅丁’

由山西省林业科学研究院和山西绿源春生态林业有限公司联合选育，2014 年认定为省级良种。

‘帅丁’为果刺两用品种，既产刺又结荚。树冠阔卵形，生长势强，树形较开张，结果早，丰产性好。叶为一回羽状复叶，长 10～14 厘米；小叶 3～6 对，新梢幼叶和幼枝为红褐色。小叶柄长 0.5～1 毫米，小叶片为卵状披针形，长 4～8 厘米，宽 2.0～3.5 厘米，先端钝，基部斜圆形，边缘有细小钝锯齿。花期 3～4 月，花为完全花，腋生或顶生，为总状花序，花部均有细柔毛，花萼钟形，裂片 4 片，卵状披针形，花瓣 4 瓣，黄白色或淡黄白色，卵形或长椭圆形，雄蕊 8 个，4 长 4 短，雌蕊圆柱形下部子房条形，扁平。荚果大而硕、长且直，形如宝剑，平均长 41 厘米，最长 52 厘米，平均宽 2.86 厘米，厚 1.28 厘米，单果重 40～60 克，果期 5～10 月，10 月下旬果实成熟，紫黑色，表面略带白粉，擦去后有光泽。成熟果实质地坚硬，摇之有响声，破开后，内含种子多粒，出籽率 19.7%；种子长圆形或椭圆形，长 11～13 毫米，宽 8～9 毫米。种籽饱满，千粒重 431.15 克，黄棕色或黄褐色，略有光泽，种皮坚硬；皂荚刺大而密，平均长度、平均粗度、平均重分别为 16.21 厘米、0.61 厘米、4.84 克。在运城 11 月下旬至 12 月落叶，休眠期至翌年 3 月中下旬。

在集约化栽培条件下，‘帅丁’3 年挂果，5 年后，荚果单株平均产量 5.07 千克、单株产刺量 1.06 千克。

‘帅丁’抗旱、耐瘠薄、抗病性强、没有发现“大小年”现象。‘帅丁’适宜于长江以北至华北地区以及西北中东部地区种植。不仅适宜丘陵山区栽培，在土层条件好、管理精细的梯田表现更好，更适宜于平川大田的高密度栽培。

6.‘帅荚 1 号’皂荚

由山西省林业科学研究院和山西绿源春生态林业有限公司共同选育的皂荚品种‘帅荚 1 号’，为果用型优良品种，主要具有以下特征：

(1)种粒饱满，种子千粒比较重，出籽率非常高

‘帅荚1号’皂荚属于果用品种，树冠广圆形，主干明显顺直，树皮青灰色，一回羽状复叶互生，小叶6~12枚，近对生，花杂性，总状花序，荚果弯如月牙，黑棕色，成串生长于多年生小枝上，整株少刺。8年生‘帅荚1号’皂荚每平方米树冠投影鲜荚产量49个，单株荚果产量(干重)平均为11.6千克，荚果平均长27厘米，平均宽3.8厘米，平均厚1.37厘米，单果重47.9克，出籽率可达32%，千粒重731克。通过和母树比较，‘帅荚1号’皂荚很好的遗传了母树的优良基因。

(2)结果早，丰产性好，长势壮

从2008年开始，通过嫁接观察，‘帅荚1号’皂荚结果早，第3年开始挂果，7年后每公顷产荚果约7500千克。整个植株从嫁接开始就枝繁叶茂，树体健壮。

(3)抗旱，抗瘠薄，抗病性强

经过多年田间观察，该品种耐旱、耐瘠薄、对土壤要求不严，可以上山下滩，对病虫害有很强的抵御能力，通过耐旱试验，比普通皂荚品种结果量高16%。

7.‘帅荚2号’皂荚

由山西省林业科学研究院和山西绿源春生态林业有限公司共同选育的皂荚品种‘帅荚2号’，为果用型优良品种，主要具有以下特征：

(1)种粒多且饱满，出籽率高，单位面积产荚果量高

‘帅荚2号’皂荚属于果用品种，树冠广圆形，主干顺直，树皮青灰色，一回羽状复叶互生，小叶6~12枚，近对生，花杂性，总状花序，荚果直长略弯，黑棕色，有光泽，成串生长于多年生枝上，整株少刺。8年生‘帅荚2号’皂荚每平方米树冠投影鲜荚产量55个，单株荚果产量(干重)平均为11.8千克，荚果平均长30厘米，平均宽4.0厘米，平均厚1.27厘米，单果重52克，出籽率可达

25%，种子千粒重523克。通过和母树比较，‘帅荚2号’皂荚很好的遗传了母树的优良基因。

(2)结果早，丰产性好，长势壮

通过嫁接观察，‘帅荚2号’皂荚结果早，第3年开始挂果，7年后进入盛果初期，每公顷产荚果约8000千克，比当地栽培品种产果量提高38%以上。目前还没有发现“大小年”现象。整个植株从嫁接开始就枝繁叶茂，树体健壮。

(3)抗旱，抗瘠薄，抗病性强

经过多年田间观察，该品种耐旱、耐瘠薄、对土壤要求不严，可以上山下滩，对病虫害有很强的抵御能力，通过耐旱试验，比普通皂荚品种结果量高20%以上。

**(二)部分刺用皂荚品种介绍**

1.‘嵩刺1号’皂荚(或称：‘嵩刺一号’皂荚)

‘嵩刺1号’皂荚是嵩县林业局自主选育的皂荚优良无性系品种。2014年通过河南省林木品种审定委员会审定。主要用于生产药用皂荚刺，树干可以兼做绿化苗木。突出特点为冠形圆满，枝刺粗壮，发枝量大，枝刺很早变红色。

‘嵩刺1号’皂荚树势强健，冠形圆满，树形开张。1年生枝上枝刺粗壮(刺长6~10厘米，刺径0.5~1.0厘米)且密集(枝刺间距3厘米)，单枝生长枝刺30~40个，单枝棘刺均重15.6克；多年生枝上着生的枝刺多而大，刺长10~27厘米；枝刺7月开始大部分陆续变红棕色。皂荚刺产量高，棘刺产量为对照普通皂荚的5.76倍。抗旱、耐瘠，抗病虫，适应性广。

2.‘嵩刺2号’皂荚(或称：‘嵩刺二号’皂荚)

‘嵩刺2号’皂荚是嵩县林业局自主选育的皂荚优良无性系品种，2014年通过河南省林木品种审定委员会审定。主要用于生产药用皂荚刺，树干可以兼做绿化苗木。突出特点为枝刺粗长，枝刺生长季节浅红褐色，近成熟黄褐色，成熟时红褐色。

‘嵩刺2号’皂荚，1年生枝枝刺粗长(最大棘刺长达16厘米，刺径0.5~0.7厘米)，枝刺密集(刺间距2.5厘米)，主刺分刺2~6个，1年生枝上着生棘刺40~58个，单枝棘刺均重34.3克；多年生枝枝刺多而大(刺长12~17厘米)；枝刺生长季节浅红褐色，近成熟黄褐色，成熟时红褐色；枝条健壮，枝长枝大，着生枝刺多，树形紧凑；顶端优势明显，树干上部枝条密集，冠形一般；小叶4~12对，叶片小；枝刺成熟较晚，8~9月陆续成熟。

3.‘嵩刺3号’皂荚(或称：‘嵩刺三号’皂荚)

‘嵩刺3号’皂荚是嵩县林业局自主选育的皂荚优良无性系品种，2014年通过河南省林木品种审定委员会审定。主要用于生产药用皂荚刺，树干可以兼做绿化苗木。突出特点，为棘刺生长季节青绿色。

‘嵩刺3号’皂荚枝刺粗长(1年生枝上棘刺长达15厘米，刺径0.5~0.6厘米)，常一至二回分刺，分刺1~6个，刺间距3.5米，多年生干、枝着生的棘刺多而大，长14~20厘米；棘刺生长季节青绿色；1年生枝上棘刺30~40个，单枝棘刺重52.8克，6年生皂荚抽枝35~45个，产量高(为对照普通皂荚的10~13倍)。树形一般，分枝角度大，叶片较大，小叶4~9对。抗旱、耐瘠，抗病虫，适应性广。

4.‘密刺皂荚’

乡土树种优良品种，河南省林业科学研究院与嵩县林业局合作调查。2012年通过河南省林木品种审定委员会审定。主要用于生产药用皂荚刺，树干可以兼做绿化苗木。突出特点为节间短，叶片小，落叶晚。

‘密刺皂荚’树体生长旺盛，1年生枝发枝量38~70枝，分枝角度60°~70°，节间较短，一回羽状复叶，小叶7~9对，叶片卵圆形、较小、深绿色革质，刺长而密、圆锥状、红棕色，多年生枝上刺长20~30厘米，1年生枝上平均刺12.6厘米、平均粗0.57厘米，抗性较强。

5.‘硕刺皂荚’

河南省林业科学研究院与嵩县林业局合作调查的乡土树种优良

品种，2012 年通过河南省林木品种审定委员会审定。

主要用于生产药用皂荚刺，树干可以兼做绿化苗木。其突出特点为主干上着生的棘刺多而硕大。叶片较大而薄，1 年生枝发枝量较小。

6. ‘豫皂 1 号’‘豫皂 2 号’

皂荚新品种，皂刺特征显著，刺粗且长，产量高，品质好，抗逆性强。在河南省的太行山、伏牛山、黄土丘陵等区域，生长健壮，结刺量比当地同龄皂荚提高 75% 以上，是具有较好发展前景的皂荚新品种。

**（三）城乡绿化品种**

1. ‘晋皂 1 号’

‘晋皂 1 号’由山西省林业科学研究院选育，是城乡绿化用优良山皂荚品种。该品种生长速度快、整树少枝刺或无枝刺、主干通直、树冠丰满、荚果带状、扁平，长 20～29 厘米，宽 2～4 厘米，不规则旋扭，质薄，棕色或棕黑色，极富观赏价值，树势强，生长健壮，无明显病虫害。主要具有以下特征。

①生长速度快，嫁接苗 5 年生树平均树高 6.46 米，平均胸径 4.60 厘米，平均冠幅 2.57 米，均高于对照普通山皂荚。

②荚果产量高，主干通直、枝繁叶茂、冠型美观、整株无刺或少刺，其观赏价值极高。

③抗性、适应性强，在各区试点，树势强，生长健壮，均未发生明显的病虫害。

通过春季带木质部芽接无性繁殖技术，可以为社会提供优良的接穗；培养成的城乡绿化‘晋皂 1 号’，嫁接 5～6 年后，在集约化栽培管理条件下，胸径至少可以达到 6～7 厘米。

2. ‘晋皂 2 号’

由山西省林业科学研究院选育的‘晋皂 2 号’，是生态防护用优良山皂荚品种。该品种主干通直、树冠丰满，树皮深灰绿色，偶数羽状复叶，3～4 枚

从生，小叶 6～22，近对生，新梢叶常为二回羽状复叶；花单性，黄绿色，雌雄异株，雄花总状花序，雌花穗状花序；荚果带状，扁平，质薄，不规则旋扭，长 25～29 厘米，宽 2～4 厘米，棕色或棕黑色，极富观赏价值。主要具有以下特征。

①生长速度快，嫁接苗 8 年生树平均树高 7.11 米，平均胸径 8.30 厘米，平均冠幅 4.66 米，平均新梢生长量 107.25 厘米，明显高于对照山皂荚。

②抗旱性、抗寒性、适应性强，在各区试点，树势强，生长健壮，均未发生明显的病虫害。

③主干通直、树姿优美、枝繁叶茂、冠型美观、整株无刺或少刺，其观赏价值极高。

3.‘晋皂 3 号’

由山西省林业科学研究院选育的‘晋皂 3 号’，是城乡绿化用优良山皂荚品种。该品种主干通直、树冠丰满，树皮深灰绿色，偶数羽状复叶，3～4 枚从生，小叶 6～22，近对生，新梢叶常为二回羽状复叶；花单性，黄绿色，雌雄异株，雄花总状花序，雌花穗状花序；荚果带状，扁平，质薄，不规则旋扭，长 25～29 厘米，宽 2～4 厘米，棕色或棕黑色，极富观赏价值。主要具有以下特征。

①生长速度快，嫁接苗 8 年生树平均树高 6.27 米，平均胸径 7.95 厘米，平均冠幅 4.90 米，平均新梢生长量 100.50 厘米，明显高于普通山皂荚。

②主干通直、冠型美观、荚果极丰，整株无刺或少刺，观赏价值极高。

③抗性、适应性强，在各区试点，树势强，生长健壮，均未发生明显的病虫害。

# 第二章 皂荚树各类器官

皂荚树的根、枝、叶、芽、花、果既有普通植物的一般特性，又有其自身的独特性。

## 一、根

### （一）根及根的作用

根对皂荚树来说非常重要。根，一般指植物的地下部分（不少植物地上有气生根），是植物长期适应陆地生活，而在进化过程中逐渐形成的器官。

根对植物体起着固定和支撑作用，对于皂荚这样的高大乔木，由于有根才免于倒伏，其实皂荚根有如下五大作用。

1. 吸收作用

根主要的功能是吸收，植物通过根可以吸收到土壤里的水分、无机盐及某些小分子化合物，供给整体生长和发育。

（1）吸收水分

水通过树根吸收、树干输送，源源不断地供应叶面蒸腾等生命活动，同时调节树温，使树木在炎热的夏季不被高温灼伤。

（2）吸收土壤中多种养分

主要是氮、磷、钾及钙、铁、镁、铜、钼、锌等，随着水分的输送，这些养料也被输送到植物全身各处。

2. 固定支撑作用

植株依靠庞大的根系，来起到固定和支撑作用，才避免倒伏。

3. 输导作用

根可以输送有机的和无机的各种养分。

4. 合成作用

根可以合成多种树木生长必需的氨基酸和生物碱等。

5. 储存作用

根储存营养物质，特别是冬季落叶后，植物大量的营养物质就储存在根部。

一棵皂荚树根系的好坏，对其生长、发育、产量、品质影响极大，正所谓："根深才能叶茂，本固才能枝荣。"

**(二)根系组成**

根系是指皂荚全部根的总称，是由主根、侧根和毛细根组成的。实生皂荚的根系由一明显的主根(由胚根形成的)和各级侧根(后期生长的)组成。

1. 主根

我们知道，凡是用种子繁殖的植物，都是先长根后发芽。种子发芽时，突破种皮首先向外伸出的、以后不断向下垂直生长的大根就是主根。主根永远只有一条，不存在第二级主根。自然界中，使用种子播种的树木才有主根。

我们栽培的皂荚原本是有主根的，但是由于我们生产中使用的苗木都是苗圃嫁接苗，苗圃在起苗时，主根都被挖断了，就没有主根了。凡是移栽树苗，都没有大主根。如果是扦插繁殖的树苗(如葡萄、杨柳、石榴树等)，就更没有主根，它的根本来就是由不定根而来的。

我们栽植的皂荚园中，棵棵都没有主根，树根主要是侧根，所有的根系，都是由侧根发展而来的。

2. 侧根

当主根生长到一定长度后，它会自然产生一些分枝，这些分枝统称为侧根。侧根生长过程中，再分枝，形成新的侧根，这就是第二级侧根。当然还可以有第三级、第四级……无穷无尽地产生新的侧根。

3. 毛细根

毛细根是植株更细小的根，处于每条根的最尖端，其上着生根

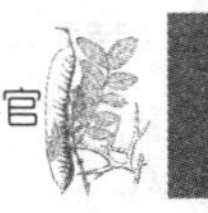

毛，根毛又叫吸收根。

4. 吸收根

吸收根是更嫩、更具生命活性的根，主要是通过增大根系表面积，来增加根对水分和养分的吸收。毛细根和根毛都能吸收养分，但以根毛吸收为主。实验表明：根对养分的吸收多少，同根毛密度和长度密切相关。

5. 不定根

不定根是植物繁育过程中，从茎、叶等植物组织上长出的根，它不来自主根和侧根。例如剪取一段葡萄树或杨柳枝条，插在潮湿的泥土中，不久在插入泥土中的部分长出了根，这就是不定根。

**（三）根系分布**

皂荚是深根性植物，自然界的皂荚，根深可达十几米以上，侧根也可延伸十几米以外，甚至更远。栽培中的皂荚由于人工干预，其根大大小于自然界中独立的皂荚树。皂荚园中，根系遍布全园，但主要分布在20~80厘米的土层中。

**（四）皂荚根的生长特点**

皂荚根在一年中有几次生长高峰。早春3月，根系有一个生长小高峰。由于这一时期，地温逐渐上升，根系活动加快，地上部分还未萌芽，新芽尚处于休眠状态，水分和养分消耗少，易于维持树体地上部分和地下部分的营养平衡。此时，土壤化冻返浆，水分充足，有利于皂荚根系吸水恢复生长，且树体内贮藏的营养物质又很丰富，最有利于再生新根，所以会出现一个生长小高峰。3月下旬至4月中旬，随着地上部分的快速生长，大量消耗树体内上年贮藏的营养，在供需矛盾下，根系生长缓慢。5~6月，因为树上大量叶片进行旺盛的光合作用，皂荚全树营养充足，出现营养生长高峰，根系则呈现出一年内最大的一个生长高峰。7~8月，营养主要供给生殖生长，加上天气高温，此时常常还会出现干旱，根系生长速度减缓。到秋季由于气温转凉，秋雨又多，土壤湿度大，气温适宜，又开始旺盛的光合作用，再逢营养逐步向根部回流，根系又出现一个次生长高峰。11 月以后，随着气温下降，根系生长逐步降缓下来，直到冬季很缓慢的生长。

**(五)根系生长的环境条件**

土壤的温度、湿度、通气性、肥力等环境条件，对皂荚根系生长影响很大。上层根群分枝性强，易受地表和耕作层环境条件和肥水等的影响；下层根群，受地表环境和耕作层的影响较小。栽培上要尽量改善土壤环境条件，使水、肥、气、热等处于比较理想的状态，以满足皂荚根系生长发育需求，进而保证皂荚高产优质的需求。

皂荚园要想丰产，培养健壮庞大的根系是首要条件。

## 二、枝

树枝是皂荚树地上部分的主体，起着支撑树体、传输养分和水分，承载叶、花、果实及储存养分的作用；枝条上有很多皮孔，起着树体内部和外部环境的气体交换作用。

**(一)枝的分类**

①皂荚的枝按长度分，有长枝、短枝、叶丛枝。

②根据结荚和不结荚，把枝条分为营养枝和结果枝。

③修剪上分为主枝、侧枝、延长枝、骨架枝、结果枝等。

**(二)皂荚枝的特点**

1. 皂荚枝龄不同表现出特点不同

①多年枝表面较粗糙，有纵裂；低龄枝，特别是当年嫩枝树皮光滑。

②多年枝灰白色，当年嫩枝绿色，成熟后灰绿色。

③5~7 月，苗圃当年嫁接苗多数表现倒伏；修剪后的大树，当年新枝多数表现下垂，这是因为皂荚新枝生长速度快，木质化速度慢，8 月以后，随着逐步木质化，苗圃苗木和大树枝条都会立起来。

2. 品种不同表现不同

①有的品种枝条通直，有的品种枝条较弯曲。

②有的品种树势直立，枝条角度小；有的品种枝条开张。

③不同品种枝条上的皮孔多少、大小、形状、颜色都不同。

④栽培品种树干通直，色淡干净；实生树树干不直，疤痕多，色深不干净。

⑤用大籽播种的实生苗，当年枝为绿色；而小籽实生苗当年枝为红褐色。

3. 树龄不同枝类构成不同

皂荚幼树枝条生长势强，枝类组成以长枝为主，多数都在0.8～1.0米，少数可达15米以上，几乎没有25厘米以下的小枝。盛产期后，以50～70厘米为主，也有不少叶丛枝，几乎没有1米以上的嫩枝。

4. 皂荚枝条顶端优势强

多数是单条延伸(除高接换头枝外)，不修剪、不受机械创伤，当年枝就不发二次枝。幼树各延长头短截后，剪口下会萌发3～6个枝，且有2～3个是强枝，后部芽子都不萌发，表现出顶端优势较强的特点。

**(三)枝条生长规律**

枝条生长速度，呈抛物线形，枝条一年中只有一次生长高峰，一般没有春秋盲节。具体生长特点是：3月下旬至4月上旬，发芽后枝条生长由慢到快，5～6月达到最高峰，7～8月平稳生长，9～10月逐步放缓，11月中旬至翌年3月，停止生长，进入休眠期。

## 三、叶

叶是植物进行光合作用和蒸腾作用的主要器官，是植物维持生命活动的必需，对植物的生长发育起着非常重要的作用。

皂荚的叶都是对生偶数羽状复叶，复叶上有若干小叶，小叶由叶片、叶柄和托叶三部分组成。叶端钝，叶基圆形，多数品种小叶4～10对，8～16枚，少数有10对以上的。小叶的形状和大小，品种间差别很大。从形状上说，多数是长卵形至卵状披针形，少数长椭圆形；从大小上说，每个复叶顶端都有一对大叶，多数品种小叶平均长3.5~5.0厘米、宽2~3厘米，顶端大叶长5~7厘米、宽2.5~3.5厘米，大叶品种可达8~10厘米、宽4~5.5厘米；叶色黄绿至深绿，全缘具细圆锯齿或波状疏圆齿，品种间差异也较大(表2-1)。

**表2-1　皂荚各品种树叶性状观察统计**

| 品种 | 复叶对数 | | 二年叶大小(厘米) | | | | 当年新梢叶大小(厘米) | | | |
|---|---|---|---|---|---|---|---|---|---|---|
| | 一般范围 | 多数叶 | 平均长 | 平均宽 | 顶端大叶长 | 顶端大叶宽 | 平均长 | 平均宽 | 顶端大叶长 | 顶端大叶宽 |
| ‘303’ | 4~8 | 6 | 5.7 | 3 | 6.3 | 3.1 | 7 | 3.5 | 9~10 | 4~4.5 |
| ‘帅丁’ | 3~5 | 3 | 3.6 | 2.5 | 5.5 | 2.8 | 5.2 | 3.0 | 7 | 3.5 |

从解剖学上说，每个叶由表皮、叶肉和叶脉三个基本部分构成。表皮包裹在叶肉的外面，通常为一层，在上面的叫上表皮，在下面的叫下表皮。

表皮是保护组织，对叶有保护作用。叶的表皮上有许多小孔，叫气孔，是气体出入植物的门户。

叶肉是薄壁组织组成的，通常分为栅栏组织和海绵组织。叶肉是进行光合作用的主要场所。

叶中也有输送水分和养分的结构——叶脉。在叶片上有明显的脉络这就是叶脉。在中央的叫中脉，在两侧的叫侧脉。

叶柄是叶片与枝相接的部分，它的主要功能是输导和支持作用，叶柄能扭转生长，从而改变叶片的位置和方向，使各叶片不致互相重叠，可以充分接受阳光。

叶生长到一定时期便会自然脱落，这种现象叫做落叶。落叶的原因是树木该落叶时，叶柄基部自然形成离层，叶柄自离层处脱离，后来伤口则形成栓化细胞，并在枝上留下痕迹，叫叶痕。落叶一方面是由于叶子机能的衰老，另一方面是对不利环境的一种适应，可以大大减少蒸腾面积，避免植物因缺水而死亡。所以有时落叶对植物并不是一种损失，而是一种很好的适应现象。冬季落叶避免冻伤死亡，是植物适应环境的表现。

叶都是有限生长，也就是说叶的细胞多少都是固定的，不会不断增加、无限生长。只是在营养条件好时，细胞长得大一点，叶也大一点，条件差时，叶长得小一点。

叶大且厚，光合作用就好，光合产物就多。

## 四、芽

芽对植物来说太重要了，现实中我们所看到的植物，整株都是由芽生长发育而来的。

芽既是生长器官又是繁殖器官。在树上的叶芽就是营养器官，但用作接穗就变成了繁殖器官。我们通常所说的"发芽"指的是种子的胚芽或枝条上鳞片所包裹的芽。

皂荚的芽很独特，枝条上的腋芽，绝大多数是双芽，一大一小，但不一定是一花一叶。

### (一)芽的种类

皂荚的芽一般分为叶芽、花芽、混合芽、不定芽、隐芽，按季节可分为冬芽、春芽与夏芽。

### (二)各种芽的作用

#### 1. 叶芽

叶芽是长营养枝的芽，也就是说当年只长枝条和叶片的芽，从春天发芽到秋季落叶，不开花，只是生长枝和叶。

#### 2. 花芽

花芽则是能长出花蕾，接着开花结果的芽，是繁殖的重要器官，授粉后可结果。

皂荚花芽绝大多数是腋花芽，极少数是顶花芽。

当年的叶芽不会转化为花芽，但是花芽可转化为叶芽。生产中我们常常会发现，整形修剪时，延长枝头留了花芽，春季发芽后，开始长出的是花芽，很快从花芽顶端就长出叶片和枝条；同样在苗圃中，嫁接时接穗用的是花芽，发芽后，开始长出的是花，不仅很快从花芽顶端长出叶片和枝条，而且苗木大小不受影响。

#### 3. 混合芽

混合芽是既能长出小枝和叶片，又能在顶端开花的芽。

4. 隐芽

隐芽是一般不萌发的、看不见的很小的瘪芽，只在枝条意外折断或人为回缩修剪时，才逼迫萌发的芽。但是在皂荚树上隐芽常常不隐，我们经常发现有的品种(比如‘G303’‘河东二号’等)在树干上，越冬时芽子很小，几乎看不见，属于隐芽，可是开春后，树干上的隐芽能迅速长大，直接长出大枝条，或长出花芽，开花结果。

5. 不定芽

不定芽是从植物不定部位发出来的芽。在高等植物正常的个体发育中，芽一般只从茎尖或叶腋等一定位置上生出。就像顶芽、腋芽、副芽等均有固定部位，称为定芽。与此相反，凡从叶、根，或茎节间或是离体培养的愈伤组织上，通常是在不该正常形成芽的部位上生出的芽，统称为不定芽。

皂荚的树枝和树干上不仅不定芽多，而且不定芽的寿命很长。实践中我们可以发现，把一株几十年甚至几百年的大树拦腰截断，很快就会在断面下方长出很多枝条来，这就是说它的潜伏芽、不定芽寿命很长。这一特性告诉我们，皂荚更新非常容易，修剪时可以回缩到任意部位，不考虑发不了芽的问题。

## 五、花

花是皂荚的生殖器官。植物的根、茎、叶是营养器官，花、果实、种子是生殖器官。

皂荚栽培品种多是穗状花序，花有雄花、雌花和完全花三种。

雌花可见中心明显的绿色花柱及柱头，雄蕊蜕化了，几乎没有花药；雄花雌蕊蜕化了，可见周边明显的花丝与花药，看不见中心的雌蕊；完全花则是雌蕊、雄蕊俱全，既有明显的花丝与花药，又有中心明显的绿色、扭曲的花柱及柱头。

皂荚栽培种绝大多数是纯花芽，极个别品种有混合花芽。花虽然有雄花、雌花和完全花，但同一株树上，或以雄花为主，或以雌花为主，或都是完全花，很少有同一株树上既有雄花又有雌花还有

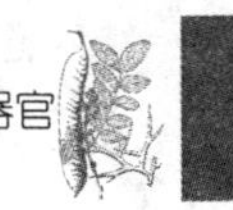

完全花同时存在的多性花，也就是群众所说的皂荚分公树和母树，但雌雄异株的品种不多。凡是雌雄异株的品种，栽培中就必须搭配授粉树。

凡是完全花的品种都是自花授粉。经常看到村边仅有一株孤立的皂荚树，周边很远的范围内并没有皂荚树，但结果也不少，这就是整株都是完全花，且能自花结实。

皂荚花芽从着生部位讲，雌花和完全花多在当年枝条的中后部，甚至在多年生大枝或树干上(如‘G303’)多是腋花芽。

花芽形状因品种不同差异很大，有的尖，有的圆，不能说大而圆的芽都是花芽，相反，常常在多年生大枝上，甚至在树干上看到很小的一个芽点，但能直接长出花序，开花结果(‘G303’最常见)。

花期在运城为4月中旬至下旬，从初花到终花，一般半个月。

## 六、果

皂荚荚果大小和形状因品种不同差异很大。有的弯曲，有的通直，还有的扭成螺旋状，有的单生，有的成串(表2-2)。

**表2-2　皂荚品种荚果性状观察统计**

| 品种 | 平均单重(克) | 长(厘米) | 宽(厘米) | 厚(厘米) | 形状 | 一串个数(个) | |
|---|---|---|---|---|---|---|---|
| | | | | | | 小串 | 大串 |
| ‘303’ | 36～55 | 26 | 3.3 | 1.5 | 月牙 | 多单果 | |
| ‘帅丁’ | 40～60 | 41～52 | 2.86 | 1.28 | 宝剑 | 2～4 | 6 |

皂荚果实是由子房发育而成，扁平，外形似扁豆；色泽紫棕色至紫黑色，有的品种表面被灰白色粉霜，擦去后有光泽，可见细纵纹。成熟果实质地坚硬，皂荚皮很辛辣，尤其是对鼻子眼睛有很强的刺激性。

皂荚果期很长，运城5月幼果形成并快速生长，10月下旬果实成熟，成熟后不落，挂树期很长，可至翌年4～5月。

## 七、种子

皂荚种子多粒，一般 10~20 粒，大小因品种而异。种子多数为椭圆形、扁圆形或长椭圆形，黄棕色、红褐色或黄褐色，略有光泽。种皮厚而坚硬，播种前必须用浓硫酸处理。

## 八、皂荚刺

皂荚刺是传统的中药材，无臭，有刺激性，味辛辣(图 2-1)。

皂荚刺是变态枝，是在皂荚漫长的生存过程中，适应环境的结果，偶见皂荚刺上可以长出枝叶来。皂荚刺分团刺和枝刺，不少品种有团刺也有枝刺。完整的团刺常分枝，有时再分小枝，主刺圆柱形，刺端锐尖，淡红色至黑褐色，体轻，质地坚硬，难折断，横断面木质部黄白色，髓部疏松，长 5~25 厘米，基部粗 8~12 毫米，末端尖锐，分枝刺一般长 1.5~7.0 厘米，有时再分歧成小刺，表面棕紫色，尖部红棕色，光滑或有细皱纹。枝刺有单刺或主刺上长一两个分枝小刺，主刺长 5~10 厘米，分枝小刺 3 厘米以下。团刺药用成分高，经济价值也大，枝刺有效成分低，价格也便宜。皂荚刺收获期不同，有效成分含量不同。

**图 2-1　皂荚刺**

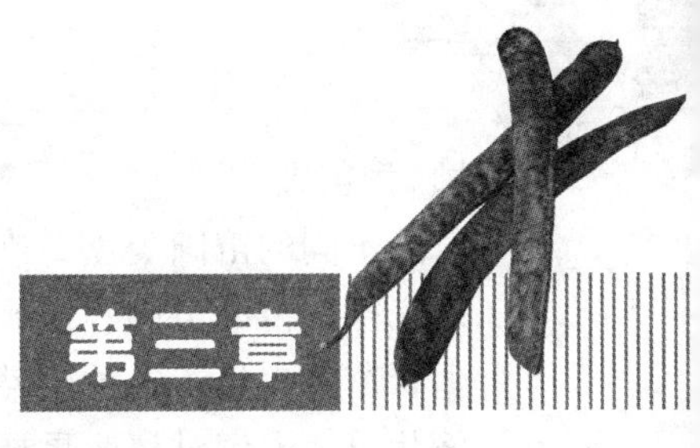

# 第三章 皂荚育苗技术

几千年来，皂荚一直是用种子来繁殖的，叫做实生繁殖，由于实生繁殖，后代变异性很大，很难保持原种特性，所以我们今天营建果用皂荚生产园时，就必须选用经过嫁接的成品苗。

生产中把用种子种出来的苗叫实生苗，把经过嫁接的苗叫成品苗。

## 一、裸根苗培育

裸根苗是泛指在大田土壤中培育，根系直接与大田土壤结合，出圃时根系裸露的苗木。裸根苗培育方法简单，育苗成本低，是目前大多数地区所采用的主要育苗方法。

裸根苗的缺点有以下几个方面。

①起苗时根系受损伤，影响苗木活力；

②由于是裸根出圃，对苗木的包装、运输、贮藏及栽植等环节要求较严，稍有不慎就会导致苗木活力降低，甚至死亡；

③用裸根苗造林后缓苗期较长；

④在干旱半干旱地区苗木成活率低、生长势差，造林效果不佳。

由于裸根苗特点，它一般适于在土壤条件和水分条件相对较好的立地上造林。

### （一）圃址选择

苗圃按生产目的不同可分为森林苗圃、园林苗圃、果树苗圃、试验苗圃等。按使用年限长短，又可分为固定苗圃和临时苗圃。根据苗圃面积大小可分为大（>20 公顷）、中（7~20 公顷）、小（≤7 公顷)型苗圃。

不同的苗圃类型，在选择苗圃地时优先考虑的条件也不一样。培育裸根苗的苗圃，苗圃地点选择应优先考虑地形、土壤、水源等适合苗木生长的各种自然条件，其次要对设立苗圃地周边地区的经济状况、人们对林业重要性认识、出圃的方便程度及满足苗圃作业人员必要的生活条件有一个充分考虑。

具体而言，苗圃地选择一般要考虑如下条件。

1. 地形

一般固定的大型苗圃，最好设在排水良好、地势平坦的地方。如选择坡地，可选坡度在3°以内的土地，若坡度过大，容易引起水土流失，增加管理工作难度，影响育苗作业的顺利实施。但在土壤黏性较大且多雨地区，苗圃地不宜过平，可选用3°~5°的坡地。在山区坡度较大的地方设苗圃，应修筑水平梯田，并选择南坡及东南坡、坡度较缓、土层较厚的地方。低洼地，不透光的峡谷，密林间的小块空地，长期积水的沼泽地，洪水线以下的河滩地，风口处和完全暴露的坡顶、高岗以及距林缘20米以内的地段，均不宜作苗圃地使用。

2. 土壤

土壤对苗木质量影响很大，其中以土质、结构、酸碱度等最为重要。

苗圃土壤应是比较肥沃的沙壤土、壤土和轻黏土，石砾含量少，结构疏松，透水和透气良好，降雨时能充分吸收降水，地表径流少，灌溉时土壤渗透均匀，有利于幼苗出土和根系发育，也便于育苗作业和起苗等工作。

土壤酸碱度对苗木生长影响较大，不同树种对土壤酸碱度的适应能力不同，大多数针叶树适合于中性或微酸性土壤，大多数阔叶树适合于中性或微碱性土壤。一般而言，土壤中的含盐量应控制在0.1%以下，较重的盐碱土，不利于苗木生长，一般不宜作苗圃地。

3. 水源

苗圃应设在靠近水源，如河流、湖泊、池塘或水库附近，如无

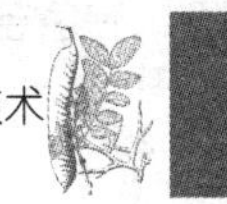

以上水源，则应考虑有无可利用的地下水。但地上水源优于地下水源，田地上水温度高，水质软，并含一定的养分，要尽量利用，灌溉用水最好为淡水，含盐量不超过0.1%~0.15%。地下水位不宜过深或过浅，一般沙壤土和壤土为1.5~2.0米，轻黏土为2.5米左右。土壤pH值5.5~7.5，土层厚度不少于50厘米。

4. 病虫害

应调查苗圃地及其附近的林木病虫害情况，掌握病虫害种类、危害程度和进一步扩大的可能性，充分了解该病虫害对所培育苗木的危害性，如病虫害严重，则不宜选作苗圃地，或采取有效防治措施，根除后再育苗。

5. 经营条件

苗圃地的位置，要以靠近造林地为原则，一般应设在造林地区的中心，使培育的苗木能较好地适应造林地环境，减少运输费用及苗木损失。

6. 周边地区居民对林业重要性认识

群众对林业重要性的认识直接关系到对设立苗圃地的满意程度，对今后苗圃的管理影响很大，最好要在设立苗圃地时征得当地群众的同意。

**（二）圃地准备**

土壤是苗木重要的生存环境，为了培育出高产、优质的苗木，必须保持和不断补充土壤肥力，使土壤有足够水分、养分和满足苗木根系生长的通气条件。整地、施肥、轮作是提高土壤肥力和改善土壤环境条件的三大土壤耕作措施。整地是用机械方法改善土壤的物理状况和肥力条件，施肥是用化学和生物的方法改良土壤肥力，轮作是用生物方法来改善土壤肥力因素。这三项措施在育苗生产中相互联系、相互促进、相互制约。其中整地是基础，苗圃地只有通过深耕细整，才能更好地发挥轮作和施肥的效果，为苗木生长提供适宜的环境条件。

1. 整地

通过整地可以改善土壤结构，增强土壤的通气性和透水性；提高土壤蓄水保墒和抗旱能力；改善土壤温热状况，促进有机质分解，达到改善圃地水、肥、气、热状况的目的，提高土壤肥力。同时还可翻埋草根、草籽、灭茬、混拌肥料，在一定程度上起到消灭病虫害的作用。

整地的环节包括平地、浅耕、耕地、耙地、镇压、中耕等。

(1)平地

苗木起出后，常使圃地高低不平，难于耕作，所以在耕地前应先进行平整土地。

(2)浅耕

在种植农作物或绿肥作物收割后地表裸露或圃地起苗后，残根量多，土壤水分损失较大。起苗或收割后应马上进行浅耕，一般深度4~7厘米。在生荒地、撂荒地或采伐迹地上新开垦苗圃地时，一般耕10~15厘米。

(3)耕地

耕地是整地的主要环节。耕地的季节要根据气候和土壤而定，一般在春、秋两季进行。秋季耕地可减少虫害，促进土壤熟化，提高土温，保持土壤水分，山西省多数地区适合秋季耕地。秋季耕地要早，但沙性大的土壤，在秋冬季风大的地方，不宜秋耕。春耕往往是在前茬收获晚或劳力调配不开的情况下采用。但春季多风，温度上升，蒸发量大，春耕应在早春圃地刚开始解冻后立即进行。

耕地深度根据圃地条件和育苗要求而定。一般培育1~2年生播种苗，耕地深度为25厘米左右；培育营养繁殖苗和移植苗，耕地深度为30~35厘米。一般培育速生阔叶树种，耕地深度应比针叶树种深些。干旱地区为了蓄水保墒，应适当深耕；沙土地为防风蚀，防止水分蒸发应适当浅耕；春耕比秋耕应浅些。

具体耕地时间应在土壤不湿也不黏时，即土壤含水量为其饱和含水量的60%左右时最合适。

耕地的质量要求：保证耕后不板结和不形成硬土块；不漏耕，要求每平方米漏耕率小于1%；必须达到耕地深度要求，但也不得过深，不能将盐碱化和结构差的犁底层翻到表层。

(4)耙地

耙地是耕地后进行的表上耕作，其作用主要是破碎垡片和结皮，耙平地面，粉碎土块，清除杂草，镇压保墒。耙地时间对耕地效果影响很大，应根据气候和土壤条件而定。在冬季雪少，春季干旱多风的气候条件下，秋耕后要及时耙地，防止跑墒。但在低洼盐碱和水湿地，耕地后不必马上耙地，以便经过晒垡，促进土地熟化，提高土壤肥力，但翌年早春要顶凌耙地。春耕后必须立即耙地，否则既跑墒又不利于耕种，农谚说："干耕干耙，湿耕湿耙，贪耕不耙，满地坷垃。"就是这个道理。

(5)镇压

镇压的主要作用是压碎土块，压紧地表松土，防止表层气态水的损失，有利于蓄水保墒。镇压时间，干旱多风地区多在冬季进行，一般地区在插种以后，常用机具主要有无柄镇压器、环形镇压器和菱形镇压器等。

(6)中耕

中耕是在苗木生长期间进行的表土耕作措施，作用是防止地表板结、疏松表土、蓄水保墒和清除杂草。中耕次数一般每年 5 ~ 8 次，多在灌水、降雨后结合锄草完成。中耕深度一般 5 ~ 12 厘米，随着苗木生长，中耕逐渐加深，原则是不能损伤根系，不能碰伤或锄掉苗木。

2. 施肥技术

在苗木培育过程中，苗木不仅从土壤中吸收大量营养元素，而且出圃时还将大量表层肥沃土壤和大部分根系带走，使土壤肥力逐年下降。为了提高土壤肥力，弥补土壤营养元素不足，改善土壤理化性质，给苗木生长发育创造有利环境条件，需进行科学施肥。

(1)苗木缺素症状及诊断

为了做到科学施肥，必须首先对苗木的缺素状况进行诊断。苗木在生长发育过程中，需要的营养元素有碳、氢、氧、氮、磷、钾、钙、镁、硫、铁、硼、锌、钼、铜、氯等多种。当土壤某种或某些营养元素供应不足时，苗木代谢就会受到影响，外部形态随即表现出一定症状。

①缺氮：氮是构成苗木蛋白质和叶绿素的重要元素。氮素缺乏时，苗木叶色黄绿而薄，茎秆矮小、细弱，下部老叶枯黄、脱落，枝梢生长停滞。

②缺磷：磷是构成细胞核的重要元素，对细胞分裂和分生组织的形成起重要作用。缺磷时，苗木叶色呈紫色和古铜色，且先从下部老叶叶尖开始。苗木瘦，顶芽发育不良，侧芽退化，根少而细长。

③缺钾：钾主要以离子状态吸附在细胞液的原生质中，它可提高细胞液浓度，增加苗木抗寒能力。苗木缺钾时，叶色暗绿或深绿、生长缓慢、茎秆矮小、本质化程度低。但山西省黄土高原一般不缺钾。

④缺钙：苗木缺钙，影响细胞壁形成，细胞分裂受阻。表现在新根粗短、弯曲、尖端枯萎死亡；叶片较小，呈淡绿色，严重时嫩梢和幼芽枯死。土壤酸度过大、含钾过多时，容易引起钙缺乏。

⑤缺铁：铁是合成叶绿素的重要成分。苗木缺铁时，苗梢呈现黄色、淡黄色、乳白色，逐渐向下发展，苗株黄化。严重时叶脉变为黄绿色，边缘出现棕褐色枯斑，直至枯死。铁在土壤中一般含量较多，不致缺乏，但在含钙过多的碱性土和锰、锌过多的酸性土，以及地温较低、土壤湿度过大的情况下，铁的利用率低，容易引起缺铁症。

⑥缺硼：硼能调节水分吸收和养分平衡，参与碳水化合物的转化与运输，促进分生组织生长。苗木缺硼一般发生枯梢现象，叶片小，侧芽发育不良。当土壤钙的含量过高、有机质含量较低，以及过于干旱情况下，容易引起硼缺乏。

⑦缺锰：锰能促进多种酶的活化，在苗木代谢过程中起多种作用。苗木缺锰时，最初苗梢叶脉呈淡黄绿色，并从叶梢向中脉发展，严重时叶片全部变为黄色，并由新梢向下黄化，逐渐扩展到全株。

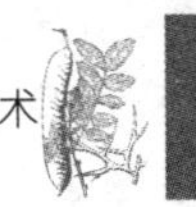

当土壤偏碱、湿度过大时，容易发生缺锰症，锰、铁在一定比例情况下，才能被苗木吸收利用，所以往往锰、铁同时缺乏。

在诊断苗木是否缺素时，可采取以下方法：① 仔细观察苗木外部形态异常症状的特征，然后加以分析，判断是否属于缺素症和缺乏哪种营养元素；② 施以某种速效营养元素(根外追肥)，实地观察其反馈效果；③ 检验土壤中有效营养元素的含量；④ 分析异常苗木体内营养元素含量，与正常苗木比较。通常将①、②两种方法结合起来应用，即可得出诊断结论。

在诊断苗木缺素症时，要注意如下事项：① 注意区别苗木缺素症与病虫感染的差异。苗木病虫感染通常是由点、块逐渐向周围蔓延，而缺乏某种营养元素只局限在一点或一块，不向外蔓延。② 注意区别苗木缺素症与遗传因素的差异。遗传原因引起苗木白化症只是单株发生，缺素症则是呈现斑点或片状发生。③ 注意区别大量元素与微量元素的差异。氮、磷、钾大量元素缺乏，往往先从下部老叶发生病症，而铁、硼、锰等微量元素缺乏，往往先从顶部嫩梢部位发生症状。

(2)施肥原则

如何做到合理施肥是发挥施肥效益的关键。从原则上来说，施肥时必须考虑气候条件、土壤条件、苗木特性和肥料性质，有针对性地科学施肥，才能达到预期效果。

①气候条件：直接影响土壤中营养元素状况和苗木吸收营养元素的能力。一般在寒冷、干旱的条件下，由于温度低，雨水少，肥料分解缓慢，苗木吸收能力低，施肥时应选择易于分解的“熟性”肥料，且待充分腐熟后再施；在高温、多雨的条件下，肥料分解快，吸收强，且养分容易淋失，施肥时应选择分解较慢的“冷性”肥料。

②土壤条件：苗圃施肥应根据苗木对土壤养分的需要和苗圃土壤的养分状况，有针对性地进行。缺什么肥料补什么肥料，需要补多少就施多少。圃地养分状况与土壤的种类、物理性状和酸碱度等有密切关系。

就土壤种类而言，不同种类的土壤，营养元素含量不同。例如，东北平原的黑钙土，有机质含量丰富，一般为4.0%~6.0%，含氮量也比较高，为0.1%~0.5%；华北平原褐土、西北高原黄土，有机质含量较少，一般为0.5%~1.0%，含氮量仅为0.04%~0.12%；各类土壤磷的含量都比较低，为0.12%~0.15%，而钾的含量较高，为1.8%~2.6%；一般农耕地含氮量都小于0.1%，且多以腐殖态氮和蛋白质态氮存在，苗木利用率很低。

土壤物理性状直接影响土壤的营养状况和苗木的吸收能力，从土壤质地来看，沙性土壤，质地疏松，通气性好，温度较高，属于“热土”，宜用猪、牛粪等“冷性”肥料，为了延长肥效时间，可以用尚未腐熟的有机肥料。另外，沙质土壤，黏粒较少，吸附营养元素能力低，保肥力差，施肥时应少量勤施。黏性土壤，质地紧密，通气性差，温度较低，属于“冷土”，宜施马、羊粪等“热性”肥料，必须充分腐熟后再施。另外，黏质土壤，吸附能力强，保肥力高，缓冲能力大，施肥以后不易使土壤溶液浓度和 pH 值急剧变化而出现“烧苗”现象。因此，黏土施肥应适当减少次数而加大每次施肥量。壤土的性质介于二者之间，保肥能力中等。

土壤结构对土壤中的水分、温度、空气状况影响很大，结构良好的土壤，微生物活动旺盛，能促进土壤中有机态营养转化为苗木能够吸收利用状态(如有机氮转化为硝态和铵态氮)。苗木在结构良好的土壤中，根系吸收能力强，土壤肥料利用率高。实践证明，大量施用堆肥、厩肥、绿肥、泥炭等，对增加土壤中的有机质、改良土壤结构有显著效果。

土壤酸碱度对各种营养元素的利用率影响很大，过酸和过碱的土壤都不利于苗木对许多营养元素的吸收。据研究，在石灰性土壤中施用过磷酸钙，当年苗木只能吸收利用其中磷的10%，其余大部分则被转化为难溶性的磷酸三钙残留于土壤中；在微酸性到中性土壤中，磷肥的利用率可达20%~30%；在强酸性土壤中，磷多呈难溶性的磷酸铝和磷酸铁等固定下来，苗木很难吸收利用。因此，在

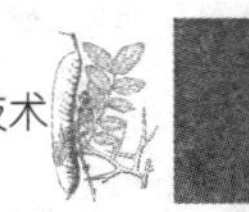

石灰性土壤或强酸性土壤上施肥，磷肥的比例应适当增加。不同树种忍耐酸碱的程度不同，一般针叶树种喜欢在微酸性和中性土壤上生长，阔叶树种适宜在微碱性和中性土地上生长，如果土壤酸碱度与所培育的苗木特性不相适应时，应通过施肥加以调节。对碱性偏大的土壤，多施有机肥和生理酸性化肥，对酸性偏高的土壤宜施生理碱性化肥，或施石灰加以调节。

③苗木特性：不同树种苗木，对各种营养元素的需要量不同。据分析，在苗木的干物质中，主要营养元素含量的顺序为：氮＞钙＞钾＞磷。豆科树种固有根瘤菌固定大气中的氮素，磷又能促进根瘤的发展，所以，豆科树种对磷肥的要求反而比对氮肥高。

同一树种的苗木在不同生长发育时期，对营养元素的要求不同。就 1 年生苗木而言，幼苗期对氨、磷敏感；速生期对氮、磷、钾要求都很高；生长后期，追施钾肥，停止施氮肥，可以促进苗木木质化，增强抗逆性。随着年龄的增加，需肥数量也逐渐增高，2 年生留床苗比 1 年生苗的需用量一般高 2～5 倍。苗木密度愈大，需肥数量愈多，应酌情多施。

④ 肥料的性质：合理施肥还必须了解肥料的性质及其在不同土壤条件下对苗木的效应，一般可把肥料分为有机肥、无机肥和生物肥 3 类。

有机肥不仅含有氮、磷、钾等多种营养元素，而且肥效时间长，特别是，有机肥对改良土壤理化性状，促进土壤微生物活动，提高土壤肥力有极大的作用。但有机肥的缺点是，某些养分特别是速效养分少，氮、磷、钾比例不当，尚需补充一定量的无机肥。

无机肥主要由矿物质构成，包括氮、磷、钾 3 种主要肥料和微量元素等。其特点是有效成分高，肥效快，苗木易于吸收，但肥分单一，对土壤改良作用远不如有机肥。如果常年单纯施用，会使土壤结构变坏，地力下降。

生物肥是用从土壤中分离出来的对苗木生长有益的微生物制成的肥料，如菌根菌等。

一般而言，有机肥料适宜用作基肥，无机肥料适合作追肥。但为了达到更好的施肥效果，最好是有机肥与无机肥混合，速效肥与迟效肥混合施用。

(3)施肥量

合理施肥量，应根据苗木对养分的吸收量(B)、土壤中养分的含量(C)和肥料的利用率(D)等因素来确定。一般而言，施肥量为A则可根据下式计算：

$$A = (B - C)/D$$

但准确地确定施肥量是一个关系到土壤中养分的含量、肥料的有效利用率、不同苗木对养分的吸收情况的问题，实际上至今还没有很好的解决办法，所以，计算出来的施肥量只能作为理论数值，供实际施肥参考。

(4)施肥方法

① 基肥：基肥是在苗圃地进行土地耕作时施用的肥料。目的在于改良土壤结构、提高土地肥力，供应苗木整个生长周期所需要的绝大部分养分。用作基肥的肥料主要是有机肥料和不易淋失的无机肥料，如过磷酸钙、硫酸钾、氯化钾等。有机肥必须充分腐熟后再施用，以免灼伤幼苗、引进杂草和病虫害等。

基肥结合翻耕进行。基肥以农家肥为主，用量45000～75000千克/公顷。对育苗地偏沙的土壤，结合施基肥适当掺入壤土；对偏黏的土壤，结合施基肥适当掺入细沙土；对偏碱的土壤，结合施基肥适当施入硫磺、硫酸亚铁或其他土壤改良剂。

② 种肥：种肥是在播种时施用的肥料。主要目的在于比较集中地提供苗木生长所需的营养元素，用作种肥的肥料多是以磷为主的无机肥和人粪尿、饼肥等精制的有机肥料。

③ 追肥：追肥是在苗木生长期中根据不同树种苗木生长规律施用的肥料。目的在于补充基肥和种肥的不足，用作追肥的肥料多为速效性无机肥和人粪尿等。

3. 轮作技术

轮作的主要目的是可以提高土壤肥力，改善土壤结构，充分利用土壤养分，减少病虫害，减免杂草影响，促进苗木生长。

4. 土壤消毒

为防治病虫害，播种前进行土壤消毒非常重要。常用方法有以下几种：①硫酸亚铁(工业用)消毒，每平方米用30%的水溶液2千克，于播种前7天均匀地浇在土壤中，或每亩撒施20~40千克硫酸亚铁粉末，在整地时施入表土层中灭菌。②福尔马林(工业用)消毒，每平方米用福尔马林50毫升，加水6~12升，种前7天均匀地浇在土壤上。浇后用塑料薄膜覆盖3~5天，翻晾无气味后播种。③五氯硝基苯(75%可湿性粉剂)75% +敌克松(70%可湿性粉剂)25%混合消毒，每平方米用4~6克，混拌适量细土，撒于土壤表层或播种沟中灭菌。此法预防松苗立枯病效果很好。④代森锌消毒，每平方米用3克混拌适量细土，撒于土壤表层中进行灭菌。⑤辛硫磷(50%)杀虫，每平方米用2克，混拌适量细土，撒于土壤中，此药主要起杀虫作用。

**(三)种子采收与处理**

1. 种子采收

皂荚果实成熟期在10月，果实成熟后长期宿存枝上不自然下落，但易遭虫蛀，应及时采集。选择树干通直、生长健壮、无病虫害、丰产性好、种粒饱满的母树。可手摘，用钩刀或枝剪剔取。

2. 种子储藏

采集的果实在自然条件下，利用日光暴晒进行种实干燥脱粒。待种子干燥后压碎去皮得到纯净种子。纯净种子千粒重约450克。将纯净种子装入布袋或木桶中，放在低温、干燥、通风、阴凉的仓库内贮藏。为了避免虫蛀，可用石灰粉、木炭屑等拌种，用量约为种子重量的0.1%~0.3%。

(1)净种及消毒

将贮藏的种子取出，用流动清水浸泡1天并漂洗干净，采用浮选法选留饱满种子，并将种子用硫酸铜或高锰酸钾溶液浸种消毒(硫酸铜溶液可用0.3%~1%的溶液浸种4~6小时；高锰酸钾溶液用

0.5%的溶液浸种2小时，或用3%溶液浸种30分钟)。

(2)种子催芽

皂荚种子的种皮厚而坚硬，透水性差，发芽率低，播种前需进行催芽处理。一般在播种前5天左右，进行种子处理。

① 热水浸种：先将70～80℃的热水倒入浸种容器内，然后倒入种子，边倒种边搅拌，注意搅拌均匀，并使其自然冷却，浸种时种子与水的容积比为1:3为宜。浸种一昼夜后，可用筛子选用膨胀的种子进行催芽，剩余种子再用同样的方法处理。将膨胀的种子混入3倍湿沙拌匀，堆放在向阳处，厚度不超过30厘米，覆盖麻袋、草袋或塑料薄膜进行保温和保湿，每天要将种子翻动1～2遍，适当洒水，保持种皮湿润。当种子有30%裂嘴时即可播种。

② 层积沙藏处理：在秋末冬初将种子浸入水中，每天换水一次。7天后捞出与湿沙(沙的湿度以手握成团，松手即散为宜)混合进行贮藏，经常翻动使其温度与湿度保持均衡。翌年春天置于温暖处催芽，待种子裂嘴数达30%左右即可播种。

③ 浓硫酸处理：将种子放入95%～98%的浓硫酸溶液中浸泡，使其脱碱和种皮软化，一般浸泡15～30分钟，要根据具体情况而定，种子产地不同、成熟度不同，种皮厚度不同，处理时间差异较大，成熟度越低，处理时间越短，反之时间要长一点，有经验的人是看种子颜色而定。当种子由原来的褐色或红褐色变为红色或鲜红色，并有60%左右的皂荚种子种皮有细小的裂纹时，要马上停止浸泡，迅速捞出，用清水冲洗。硫酸的用量每百斤种子8～10斤。要选用一口大缸或大瓷盆，每次放入种子不宜太多，以漫过种子为好。

在用浓硫酸溶液浸泡处理过程中，要用木棍不停搅拌。通常是3人共同作业，一人专门搅拌，一人加酸加种子，一人专门捞籽、冲洗。冲洗要用两三个大塑料桶，从第一个桶捞出放入第二个桶，依次连续冲洗4～5次。切记在种子处理的过程中，忌用手直接触摸种子，避免硫酸伤手。

### （四）播种

1. 播种时间及用量

播种时间为5月上旬；播种量为130～150千克/公顷。

2. 作床

在平地、浅耕、耕地和耙地等整地环节的基础上，进行的整地作业。根据所采用的育苗方式，进行不同整地措施。育苗作业方式分为苗床育苗和大田育苗两种。苗床育苗又分为高床育苗、低床育苗，大田育苗。

高床是床面高出地面的苗床，规格一般为：床高15～25厘米，床长10～20米，床面宽60～100厘米。特点是排水通气性能良好，温度高，肥土层厚，便于灌溉，床面不板结。适宜于寒冷和排水不良地区。

低床是床面低于地面的苗床，一般宽60～100厘米、长10～20米，床埂宽30～40厘米、高15～25厘米。特点是作床简单，便于灌溉，省水，适宜于干旱地区。

3. 田间管理

（1）苗期管理

播种后要适时浇水，及时松土、除草。并于7月上旬追施一次尿素，施肥量150～225千克/公顷。幼苗高5～6厘米时间苗，留苗15～20株/米，间苗后及时松土、浇水。

（2）生长期管理

①浇水：苗期应根据土壤墒情及时浇水，保持土壤湿润。

②除草：根据除早、除小的原则，及时清除杂草。

③追肥：土壤肥力不高的育苗地，可在6～8月苗木生长盛期，结合灌溉适当追施速效肥。追施肥最迟不能超过8月，立秋后不再施肥，否则易形成秋梢徒长，冬季易发生冻害。若出现微量元素缺乏症，要及时叶面追肥，缺铁（叶发黄）可喷施1%～3%硫酸亚铁，缺锌（小叶症）可喷施硫酸锌。

(3)病虫害防治

在出苗 40 天内应注意防治立枯病，夏末秋初应注意防治白粉病。详见第九章。

(4)兔害防治

秋季落叶后，在苗茎40 厘米以下涂抹防啃剂。详见第九章。

4. 苗木调查和出圃

(1)苗木调查

① 在苗木上部分停止生长前后，按树种、苗龄、作业方式、育苗方法，分别调查苗木产量、苗高和地径，为做好苗木供销和生产计划，提供依据。

② 苗木调查用随机抽样的方法进行调查和计算。产量精度以 90% 的可靠性、90% 的精度计算；质量(平地地径、平均亩高)精度以 90% 的可靠性、95% 的精度计算。

(2)苗木的出圃

① 苗木出圃内容：起苗、分级、统计、假植、包装和运输等工序。各工序必须紧密衔接，做好苗根保护和保湿工作。

② 起苗应在秋季苗木开始落叶到土壤结冻前或早春土壤解冻到苗木芽苞萌动前进行。起苗时，土壤湿度以掘取苗木不伤须根为宜。

③ 起苗要深挖，做到保持根系完整，苗木不受机械损伤，根系长度要达到省定苗木质量标准。

④ 起苗后随即在庇荫无风处选苗分级和修剪过长的主、侧根。选苗要按省定苗木质量、产量标准进行分级。苗木级别分为Ⅰ、Ⅱ级和小苗、废苗。小苗可继续移植培育，废苗必须销毁。达到Ⅰ、Ⅱ级标准的苗木才能出圃造林；凡在病态、虫害的苗木要及时烧毁；根系发育不全、有严重机械损伤及缺顶芽的苗木，均需剔除，不得用于造林和换床。苗木分级后要做等级标志，并按等级计算苗木产量，及时分区假植。

⑤ 秋季起苗后，如不及时造林，要选择地势高、排水良好和背风处挖沟，单排假植。假植时要做到“疏摆、深埋、分层踏实”。假

植后，土壤较干要适当浇水，覆土下沉要及时培土，发现苗株发热要立即挖出另行假植。

⑥ 苗木运输必须根据运输时间，采用相应的包装方法进行包装。包装时根系部分要填充湿润物。

⑦ 运输途中必须保湿降温、通风和防止日晒。运到目的地，要立即解包假植或造林。

## 二、嫁接苗培育

嫁接是切取植物的枝或芽作接穗，接在另一植株的茎干或根(叫砧木)上，使之愈合成活为一个独立的植株。用这种方法培育的苗木叫嫁接苗。嫁接苗长出的树，他的根系和树冠是分别由砧木和接穗发育起来的，因而，兼有两者的遗传特性。接穗是培育目的树种和品种。嫁接苗接穗与砧木的组合十分重要，必须选配适当。穗组合常以“穗/砧”表示，例如，毛白杨/加杨，表示嫁接在加拿大杨上的毛白杨苗。嫁接苗的特点是根系具有砧木植株的遗传特性，嫁接苗既可以通过选择适宜的砧木种类，增强嫁接树对环境条件的适应性，如抗旱、耐涝、耐盐碱等，又可以利用砧木的乔化或矮化特性，控制树体的大小。树干与树冠是母株营养器官生长发育的延续，嫁接苗的树干与树冠是接穗母株生长发育的延续，因此，即能较早结实保持其母株的特性，遗传性比较稳定，一般不会像实生苗那样，容易产生性状分离现象。所以，建立林木种子园，果树和经济林栽培以及观赏植物的繁殖等，多采用嫁接苗。尤其对于一些用其他营养繁殖方法，如插条等生根比较困难的树种，更适合采用嫁接方法育苗。

### (一)育苗地选择及砧木定植

1. 选址

地势平坦、排灌良好的中壤、沙壤土为宜。

2. 整地

苗圃地前一年秋深翻，当年早春浅翻。砧木定植前5～6 天，进行整地、作床、施肥、灌水。施肥量为腐熟的有机肥45000~75000千克/公顷，硫酸亚铁1050~1500千克/公顷。

3. 密度

砧木初始定植株行距为0.4米×0.6米。

4. 栽植时间

秋季落叶后至土壤上冻前或次年春季土壤解冻后至萌芽前。

5. 砧木选择

栽植1年生皂荚、山皂荚实生苗，定植1年后嫁接(砧木的准备方法同播种苗育苗)。

**(二)接穗准备**

1. 接穗要求

砧木对嫁接树的生长有重要影响，选择不当，将给生产造成不良后果。在选择砧木时，应注意以下各点：一要与培育目的树种(接穗)有良好的亲和力；二要适应栽培地区的环境条件；三要对栽培目的树种或品种的生长发育无不良影响；四要具有符合栽培要求的特殊性状，如矮化或抗某种病虫害等；五要容易繁殖。

接穗的选择要从栽培目的树种和品种中，选择生长发育健壮、无检疫病虫害的优良植株采穗条。必须从营养繁殖的成年树或采穗圃中的树上采条，因为无性繁殖能保持母树的优良性。

接穗采集时间从皂荚落叶后直到翌年树液流动前都可进行，以3月采集为佳。选择生长健壮，发育充实，髓心较小，无病虫害，无机械损伤，粗度在0.8~1.5厘米的1年生枝。接穗采集后，按所需的长度进行剪截，枝条过粗的应稍长些，细的不宜过长。剪穗时应注意剔除有损伤、腐烂、失水及发育不充实的枝条，并且对结果枝应剪除果痕。

2. 蜡封接穗

对接穗若作较长时间存放时，宜采取蜡封的方法。蜡封接穗主要是为了保持接穗水分，芽不干枯、不收缩，且嫁接作业时方便，不需要对接穗再作保护性处理。

蜡封接穗有两种方法：一是半蜡封。仅仅把接穗两头用蜡封好。二是全蜡封。即把接穗在化开的蜡锅中蘸一下，使接穗全部被蜡裹封。前者适宜于少量处理和保存的接穗，后者适宜于大量生产；前者费工，后者省工。

(1)材料、配方、用量

蜡封的配料主要为工业石蜡、松节油及猪油，常用的是52℃石蜡，比例为每万个接穗使用石蜡2.5千克，猪油200克左右，松节油少许。方法是将石蜡放入铁锅内加热，待石蜡全部化开后，加入适量猪油及松节油。

(2)温度

封蜡温度应控制在90~100℃，当锅内温度上升到100℃左右时，开始封蜡作业。

(3)具体作业

可将剪好的接穗放入铁笊篱中，在蜡液中迅速蘸一下，时间不超过1秒钟，使整个接穗都被薄薄的一层石蜡所包裹。常常是几个人配合，一人看火、加蜡，一人抓取接穗，一人一手拿铁笊篱，一手拿木棍，专负责蘸蜡，关键是掌握蘸蜡的火候。一边蘸蜡，一边把笊篱用力在木棍上磕碰，使蘸过蜡的接穗充分散开，便于快速降温。

(4)摊晾降温

蘸过蜡的接穗必须立即充分散开，让其快速降温，通常要经过一夜的长时间摊晾降温，才能晾透。实践中需要处理的接穗很多时，常犯的错误有三：一是蜡温过高，烫伤接穗；二是场地过小，蘸蜡后的接穗没能充分散开，堆积过厚，不能快速降温；三是摊晾的时间不够，造成接穗热捂，芽点受损。

(5)入库保存

经过一整夜的长时间摊晾降温，第二天接穗已经晾透了，最好是放入冷库中保存。首先是计数，然后装入保鲜袋。保鲜袋上一定要有通气孔，入库时必须做好标记，标明品种、数量、蜡封时间等。

冷库温度控制在0~2℃，相对湿度60%，注意要经常查看。冷库要有两道门，外加门帘，进出库时要有缓冲区，避免库外风直吹进库。

3. 接穗储藏

生产实践中，当品种资源充足时，为了节省人力物力，也常常选择比较粗放的处理方法来处理接穗，主要是将接穗枝条剪口用蜡封一下，或不封，直接进行沙藏、沟藏或窖藏。

(1)沙藏

即把采集的枝条放入地窖中或地里背阴处，用湿沙埋好。沙的含水量以手捏成团，手展即散为好。注意隔时洒水以保持沙的湿度。温度不低于－1℃，最高不超过8℃。

(2)大枝条沟藏

选择排水良好、避风阴凉处，在冻土层以下挖深0.8米、宽1米的沟，沟底铺10厘米厚湿沙，穗条分层摆放，最上层覆0.5米厚湿沙，四周埋严，不露种条。注意防积水并采用草把通风。经常检查巡视，发现干燥时，适时、适量补水，但不宜过湿，以防接穗发热、霉烂。发现覆土下沉时要及时培土。

(3)窖藏

将接穗整捆放入温度为－5~－1℃、湿度高于60%的地窖内堆积储藏，10~15天换位一次。

把计划嫁接的品种接穗，采用沙藏、沟藏或窖藏的方法，进行整枝保存，好处是节省人力物力，问题是接穗易发热霉烂、不到嫁接时间就发芽等，同时浪费也严重。所以，这些方法，只适用于接穗便宜、资源充足的品种，珍贵的好品种不宜选用。

**(三)嫁接时间**

春季树液流动至展叶期。晋南地区嫁接时间为4月中旬。

**(四)嫁接方法**

1. 劈接

在砧木距地面8~15厘米、直径0.8厘米以上处剪砧，剪口平滑，在截面中间劈深3~4厘米接口。选择与砧木截口直径相匹配、下端削成3~4厘米长的楔形平滑斜切面的接穗，插于接口，砧穗形成层密接，用专用嫁接塑料条绑扎。

2. 插皮接

在距地面10~20厘米处，在上风面，选光滑无节疤处锯断或剪断砧木，断面要求与枝干垂直，截面平滑；将接穗枝条先削一个长3~5厘米的长削面，再在对面削一个小削面形成楔形，顶芽留在大削面相对面；在砧木截面处划一条纵切口，深达木质部，插入削好的接穗，长削面密接木质部，用专用嫁接塑料条绑扎。

3. 带木质芽接

此种方法不受砧木接穗离皮与否的限制，可在生长期任何时候嫁接。操作时，在接芽的下方0.8厘米处向下斜切一刀，深达木质部0.3厘米左右，再从芽的上方1.5厘米处带木质向下斜切，与下端切口相交。以同样方法在砧木平滑处纵切，切口大小与芽片相当（注意不要小于芽片），然后去掉切块嵌入芽片，使二者形成层对齐，若砧木切口过宽时，可对准一侧形成层，最后用塑料条袋扎紧，露出接芽即可。

**（五）嫁接苗管理**

1. 除萌

除萌是苗圃管理的一项主要工作，砧木除萌必须及时，一般需除萌2~3次，大树枝接的也要及时除萌。除萌不及时或不认真，对嫁接成活率和苗木质量影响很大。

2. 剪砧

春夏芽接苗，接后7天后即可检查是否成活，结合除萌进行剪砧。凡是接芽新鲜有光泽，叶柄一触即掉，就已成活，反之，叶柄变黑干枯，未成活，对未成活的要及时补接。7~8月以后嫁接的，第二年春萌芽前剪砧，剪砧时不可剪留过低，要留1厘米的距离，防接口失水芽干。

3. 浇水

从嫁接后半月开始，苗圃要注意及时浇水，一是保证圃地不能干旱缺水，一般最少要浇3次水。二是灌水降温，夏季芽接苗剪砧后，如遇高温会使地表温度高达40℃，这样会影响成活甚至炙死砧木地表以上部分，此时灌水可降低地表温度，提高成活率。

4. 追肥

4~7月要加强肥水管理，4~5月追肥以氮肥为主，地面追肥或叶面喷肥相结合，6~7月主要追施磷钾肥，配合叶面喷肥。8月以后控制肥水。并每隔10~15天喷一次磷酸二氢钾，以促使苗木充实健壮。一般全年追肥不少于4次。

5. 除草

苗圃除草是苗圃管理的又一项主要工作，嫁接前后4~8月苗圃需要多次除草，应该是有草便除，一般全年除草不少于6次。

6. 打药

苗圃打药主要防治蚜虫和毛虫等食叶害虫，一般全年需要打3次药。

7. 解绑

无论是芽接还是枝接，都不要急于解绑，如果解绑过早，往往导致已萌发的接芽死亡。一般在接芽长至30厘米以后再解绑。

**(六)出圃**

苗木出圃是育苗的最后一关，必须认真对待，一点也不能马虎。

1. 出圃标准和时间

(1)苗木质量标准

① 秋季停长早，木质化程度高。

② 地径1.2厘米以上，高度1米以上。

③ 苗木根系较完整，无病虫或机械损伤。

④ 苗木含水量较高。

(2)出圃时间

秋季10月下旬至11月中旬；春季立春至4月上旬。

2. 出圃

起苗前圃地要浇水，主要是保证苗木水分，其次因冬春干旱，圃地土壤容易板结，起苗比较困难。最好在起苗前 4 ~ 5 天给圃地浇水，使苗木既有比较充足的水分和营养储备，又能保证起苗时苗木根系完整，增强苗木抗御干旱的能力，提高成活率。

(1)起苗

起苗工作的好坏直接影响到苗木质量和栽植的成活率。在起苗时应注意以下几个问题：① 远起远挖，一般从苗旁离苗 20 厘米处下挖，挖苗深度 25 厘米以下，尽量少伤根，确保须根多、根系较完整。② 现在生产中多是机械化起苗，利用机械起苗，一定要特别注意不能让机械擦伤苗木皮部，否则受伤皮部易染病，降低成活率。③ 皂荚芽子外露且大，注意不要损伤苗木芽子，尤其是上部芽子。④ 苗木必须用工具挖出，切忌用手拔苗。

(2)分级与打捆

分级打捆前，要把未嫁接活的实生苗和达不到成品标准的小苗子分出来，好的成品苗要进行就地分级与打捆。分级，按苗木高度和粗度及断根多少，分一、二、三等，打捆一般 30 ~ 50 株 1 捆。打捆后，标记好品种名称和出圃时间。

(3)包装和运输

远距离运输时，需进行包装。一般先将苗木根系拉一下泥条，然后把整捆根部或者整捆全株用塑料袋包装好。运输车辆最好用箱车，若用其他车辆的，外面必须用大蒙布包好，防止冻伤苗木和苗木过快失水。

(4)苗木假植

起出的苗子，如果不能及时定植或外运，应进行假植。假植苗木应根据苗木多少和大小，一般选择地势平坦、背风阴凉、排水良好、车辆能到的地方。挖宽 1 米深 60 厘米的假植沟。苗木向北倾斜，摆一排苗木覆一层混沙土，依此类推。切忌整捆排放，摆好后浇透水，再培土。假植苗木最怕风干，应定时检查。

## 三、容器育苗

（一）穴盘育苗技术

穴盘育苗是20世纪80年代从美国引进的育苗技术，目前该技术已成为许多国家专业化商品苗生产的主要方式。穴盘育苗是采用草炭、蛭石等轻基质无土材料做育苗基质，机械化精量播种，一穴一粒，一次性成苗的现代化育苗技术。它突出的优点表现在省工、省力、节能、效率高；根坨不易散，缓苗快，成活率高；适合远距离运输和机械化移栽；有利于规范化科学管理，提高商品苗质量。

1. 育苗设施

（1）育苗棚室

日光温室或塑料大棚等具有防风避雨条件的设施。

（2）催芽室

用于种子催芽的封闭场所，室内配有加（降）温、加湿、换气、照明装置等设备。

（3）苗床

① 地面苗床：在日光温室或塑料大棚内的畦面制作苗床。苗床宽1.2~1.3米，高0.15~0.2米，床面整平，苗床长度依温室或大棚长度而定。冬春季育苗时，可在苗床上建造电热温床；夏秋季育苗时，可把育苗穴盘直接放置在苗床上。

②床架苗床：一般用金属材料制作，按大棚的纵长方向设置。床架高25~100厘米，床面宽度为育苗穴盘长度的整数倍；床架之间留一定宽度的操作道，也可采用能横向移位的金属育苗床架。

2. 种子选用与处理

（1）种子选用

选择经检验检疫，并具备种子质量检验证和植物检疫证书的种子。选择后的种子应采取风选、人工筛选等方法，去除混杂在种子中的树枝、果柄等杂质，提高种子纯净度。

（2）种子贮藏与处理

① 种子贮藏：干燥种子（含水量低于10%）在2~4℃下通风、干燥的室内贮藏。

②种子消毒：播种前要对种子进行消毒处理。

③种子催芽：播种前按种子萌发的难易程度，采取不同方法对种子进行催芽处理。种子催芽处理方法同上。

3. 播种前准备

(1)育苗棚室消毒

播种前，育苗棚室要进行消毒处理。棚室可用福尔马林加少量高锰酸钾密闭熏蒸，24 小时后通风。

(2)育苗穴盘消毒

播种前，育苗穴盘要进行消毒处理。采用 0.5% 高锰酸钾溶液浸泡 0.5 小时，然后用清水漂洗干净。

(3)育苗基质

①育苗基质材料：草炭∶珍珠岩∶蛭石 =2∶1∶1 或 1∶1∶1(体积比)

②育苗基质消毒：用 40% 福尔马林溶液稀释 800 倍浇洒基质，基质含水量为 55%~65%。将浇洒溶液后的基质翻拌均匀，用塑料薄膜覆盖 4~5 天，撤除覆盖物，晾晒至福尔马林溶液挥发，基质无气味后方可使用。

③穴盘选用：因穴孔直径大小不同，孔穴数不等，一般选用 28 穴或 32 穴的方形孔穴穴盘为宜。具体根据实际情况而定。

④基质装盘：把处理好的育苗基质装入育苗穴盘中，使每个孔穴都充满基质，基质装至盘面以下 1 厘米处，装盘后各个格室应能清晰可见。

4. 播种

宜春播，一般在 3 月中旬进行。播种时每穴播种 1 粒种子，播种深度为 1.0~1.5 厘米，不漏穴。播后盘面用基质覆盖后刮平，保持种子与基质紧密贴实，后均匀浇水至育苗穴盘底孔出现渗水，稍稍滤干后将育苗穴盘置于催芽室或苗床上。播种的穴盘可用塑料薄膜覆盖 5~7 天，以保持种子发芽期间的温度和湿度，达到种子透土快和出苗整齐。在此期间要注意观察，发现种子露头要及时揭去塑料膜，防温度过高烧死苗木。

5. 苗期管理

(1)温度管理

苗木播种后大棚内温度白天控制在25～30℃、晚上14～16℃，如温度出现升高或降低时，应及时打开或关闭风门、喷雾降水、借助辅助保温设备等措施调节温度，白天温度持续超过35℃时可上遮阴网遮阴，保持苗木生长适宜的温度。

(2)水分管理

在大棚内安装微喷设施，对苗木进行适时喷水。水分管理坚持少量多次的原则，保持湿度在65%～85%之间。

①浇水方法：采用喷淋式浇水，每次浇匀浇透。浇水量和浇水次数视育苗期间的天气和苗木生长情况而定，在穴盘表面的育苗基质缺水时补充水分。

② 浇水时间：喷水时间一般在11:00之前和15:00以后进行，以防高温时期浇水产生热浪对苗木造成危害。

(3)肥料管理

在苗木出土长出真叶后，开始进行叶面喷施肥，幼苗期间隔15天喷施一次以氮肥为主的缓释肥，在苗木速生期每10天喷施一次以磷、钾为主并配制微量元素的营养液进行喷施，使苗木生长健壮。喷施肥料的用量要掌握在0.1%～0.5%，以防使用不当对苗木产生肥害。

(4)空气断根

为了防止穴盘苗根扎入土内，起苗时伤根，造成根坨土松散，影响造林成活率。在培育过程中，如果是地面苗床，宜采用砖块铺设苗床，使穴盘苗离开地面培育，利用空间自动断根，促进穴盘苗根团的形成。

(5)其他管理

① 补苗：在幼苗2叶期，及时用健壮苗对穴盘内的空穴和弱苗进行补苗。

② 补肥：育苗期间一般不需要追肥。如育苗后期缺肥或苗龄延

长可适当补肥。

③ 炼苗：为使塑料大棚培育出的穴盘苗能够适应室外的生长环境，需要对大棚穴盘苗进行炼苗。炼苗分为两个阶段：第一阶段在苗木培育阶段就每天不断增加幼苗通风和全光照时间，增强苗木抗性和适应性；第二阶段在苗木出圃前一个月，将棚膜、遮阳网收起，控制水分并停止施肥，防止苗木徒长，促使苗木木质化，在保证苗木造林成活前提下方可进行出圃。苗木出圃时使用塑料保湿袋包装苗根，然后装入订制的纸箱，苗木水分可以保持 10 天左右，叶子不会发生萎蔫现象。

6. 成苗质量

幼苗茎干直立、株高正常，叶片色泽浓绿、长势良好，根系发达、形成根坨，无机械损伤、无病虫害。

7. 成苗装运与标识

(1)装运

采用长 56 厘米 × 宽 28 厘米 × 高 80 厘米的纸箱为包装物。把带幼苗的育苗穴盘逐盘分层装入箱内，每个专用穴盘托架内放入 1 个穴盘。或在运输车辆上安装专用多层育苗架，把育苗穴盘逐层装在育苗架上随车装运。短距运输的，可把育苗穴盘中的幼苗取出，放在筐内或箱内装运。

(2)标识

包装箱上要注明种类、品种、规格、数量、生产者、生产日期和注意事项等。

8. 苗木生产档案

建立苗木生产档案，专人专地保管。

**(二)轻基质无纺布容器育苗技术**

应用轻基质培育容器苗，是国内外林木工厂化育苗的一个发展趋势。轻基质网袋容器育苗具有基质透气、透水、透根性能好，可进行空气修根以及容器重量小、苗木运输便利等优点。与常规方法培育的容器苗相比，其根系发达，移栽不需脱容器，造林成活率高等优点，所以现在很多地区都在用轻基质网袋容器育苗。皂荚轻基质无纺布容器育苗技术近年在山西率先起步，在荒山造林工程中应用较广泛，造林成活率、保存率较之前的裸根苗造林都有一定提高。

1. 基质的制备

收集树皮、锯末，购买红砖、磷酸二铵。树皮和锯末的处理方法：将收集的树皮，经晒干、粉碎、过筛后堆沤。堆沤前分别在原料中拌入磷酸二铵(每立方米1千克)，混匀，然后浇透水，在堆沤过程中，翻堆2~3次，堆放半年以上才能使用。锯末炭化处理：砌简易的砖头围炉灶，炉灶内放满木柴或木炭点燃至盛火后，盖上1块多孔的铁皮，随后将锯末覆盖整个炉灶，当锯末变黑70%~80%即可。采用树皮粉沤制锯末、碳化锯末为育苗基质，基质配方按体积比为树皮粉∶锯末∶碳化锯末(4∶4∶2)或树皮粉：锯末∶碳化锯末(4.5∶4.5∶1)。根据育苗计划，计算好各种组分的用量后，用搅拌筛分机进行混合拌匀。

2. 容器及其规格的选择

试验采用半降解无纺纤维或可降解的无纺布作为育苗容器制作材料。将拌匀的基质放入网袋制作机，然后用网袋制作机进行灌装，容器口径为6~8厘米，统一用0.15%的高锰酸钾溶液浸泡12小时以上，切成12厘米长的小段，装入塑料托盘，即完成网袋育苗容器制作。

3. 种子处理及播种

种子处理与裸根育苗技术基本相同。待皂荚种子吸胀水催芽刚露出胚芽时(露白)，开始点播入容器袋。

4. 苗期管理

(1)水分及池肥管理

按照苗木出土期少量多次，速生期多量少次、一次喷足的原则进行喷水。夏季温度特别高时，可结合喷水降温，防止苗木基部日灼。如遇连续大雨降水过多时也要注意苗盆排水。可通过适当调节容器间隙以增加容器间距来增大蒸发面积的措施达到快速排除积水的目的。速生期灌不宜顾紧，一般半月流一次透水即可，雨季可不再浇水。苗木越冬前需浇冻水。

施肥应循先稀后浓，薄施勤施的原则。幼苗长至30天后，开始追肥，选择尿素、进口复合肥、硫酸钾、磷酸二氢钾等肥料。要严格把好氮、磷、钾的配比及喷淋浓度。苗木进入速生期施高氮肥，苗木封顶时施无氮高钾肥。尿素一般不超过0.5%，复合肥0.1%~1.0%，磷酸二氢钾0.1%~0.5%，喷肥应选择傍晚进行。可在根系生长时期施适当的磷钾肥，促进其生长，形成根团，有利于来年造林成活率的提高。施尿素、复合肥后，用清水把残留在叶片中的肥液冲洗掉，以免引起肥害。

(2)苗木空气切根

苗木切根是轻基质网袋容器育苗的一个重要环节。苗木通过空气切根，根系发育均匀、平衡，且多生长于容器边缘。当苗木达10厘米以上时，注意观察苗木根系生长情况，如发现苗木侧根穿出网袋时，及时移动容器，使容器与容器之间产生间隙。苗木切根时，应适时控水，容器基质湿度不大于50%，使苗木暂时性生理缺水，达到空气切根目的，并有效促进苗木须根数量的增长，形成良好的根团，有利于提高造林成活率及促进幼树的快速生长。

(3)防止猝倒病

种子大量萌发出土后的1~2月内，是猝倒病的高危期。幼苗大量出土时即开始第一次喷药，以后每7天喷一次，2月后每10天喷一次。杀菌剂可使用百菌清800倍液，托布津800~1000倍液，1%波尔多液，硫酸亚铁等。为避免病菌的抗药性，建议用药时要多种杀菌剂交替使用，并遵循“预防为主，综合防治”的原则，做到早发现早防治。

(4)除草和虫害防治

除草要本着“除小，除早”的原则，营养袋的空隙间都会有杂草生长，要及时除去，以免杂草和皂荚苗争夺水分和营养，影响皂荚苗的生长。在苗木生长过程中，要防虫害，尤其是地下害虫的危害。一般采用化学防治的方法，可喷洒1:1000的辛硫磷乳油溶液。

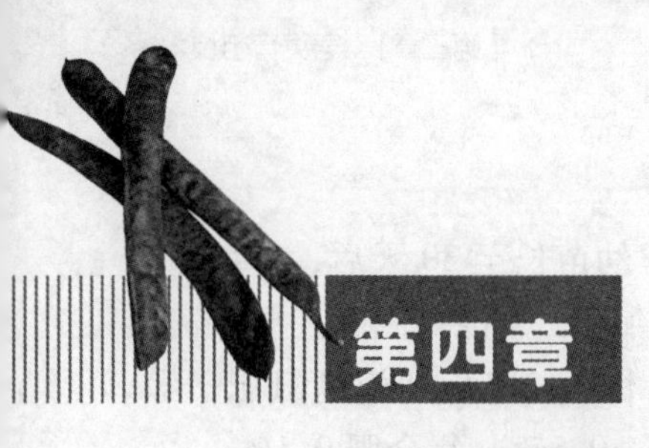

# 第四章 皂荚采穗圃营建技术

## 一、采穗地的选择

圃地应选择向阳背风、地势平坦、土壤深厚、灌溉方便、排水良好、交通便利的地方。年平均气温高于10℃，无霜期180天以上；土层深厚、肥沃、病虫害少、pH值6.5~8.5的壤土或沙壤土，土层厚度一般不少于50厘米。

对选定的苗圃地，首先应测绘出平面图，根据自然条件，进行生产用地和辅助用地区划。辅助用地包括道路网、灌溉系统、排水系统、贮藏室、仓库、办公区等附属设施用地，不超过总面积的25%。

## 二、圃地准备

### （一）施肥

在整地前施基肥，以农家有机肥为主，适当配施饼肥及复合肥，用肥量在每亩5000千克左右或腐熟饼肥2250千克，缺磷的土壤每公顷增施磷肥600千克，均匀撒施。

### （二）整地

基肥施入土壤后要深翻入土，翻耕深度在20~25厘米，随耕翻随耙，使肥土充分混合。做到深耕细整，地平土碎，清除草根、石块。

### （三）改良

圃地瘠薄的土壤要增施有机肥料；偏沙的土壤除增施有机肥外，

还要混拌黏壤土；偏酸的土壤要增施生石灰、碱性肥料；偏碱的土壤要增施酸性肥料、硫磺、硫酸亚铁，或在床面铺黄土。

**(四)做畦**

一般采用平床，床宽4.0米、床长20~30米(随地形而定)、床埂高15~20厘米，步道宽30厘米。尽可能按南北方向作床，以利通风透光，要床直、面平、沿正；床土浇足底水。

**(五)土壤消毒**

在做好床基、整平床面后进行土壤消毒，可选用以下任一种方法。

五氯硝基苯消毒：每平方米圃地可用75%的五氯硝基苯4克、代森锌5克，混合12千克细土拌匀撒施。

波尔多液消毒：每平方米圃地用等量式(硫酸铜∶石灰∶水=1∶1∶100)波尔多液2.5千克，加赛力散10克喷洒床面。

多菌灵消毒：每平方米用50%多菌灵可湿性粉剂1.5克稀释50倍药剂浇灌进行消毒处理，处理后立即用地膜覆盖。

## 三、种苗选择

要选择无病虫害、无机械损伤、植株健壮、生长正常的苗木。

**(一)品种苗选择**

选用品种苗木直接做采穗母株，要选择在本区域适应较广的优良品种，一般3个左右。品种过多易产生管理混乱，应选择经国家或省级林木品种审定委员会审(认)定的皂荚品种。选择适宜当地生长、品种优、抗性强、产量高，市场发展潜力大的品种。种苗应来源清楚，品种纯正。选择根系发达，无病虫害、无机械损伤、植株健壮、嫁接口愈合良好的2年生以上无性繁殖苗木。

**(二)定植实生苗再嫁接**

选用实生苗做砧木进行嫁接培育采穗母株，应选用2年生以上一级壮苗，优良品种一般5个左右。

## 四、定植栽培

### (一)定点挖坑

株行距2米×3米或2米×4米定植，品字形栽植。规格60厘米×60厘米×60厘米。穴内施腐熟有机肥3~5千克，适当加入复合肥。

### (二)栽植

秋季休眠后到第二年春季萌芽前进行栽植。将苗木直立于穴中，带容器苗要去掉容器，带土球苗木要剪断草绳，去掉包装物，在四周均匀填土，随填随夯实。有条件的可在根部施加生根粉、菌根剂和根宝等植物生长调节剂。

栽植后要及时浇透水，3天后覆土、扶正、浇足第二遍水，再隔6~9天浇第三遍水。

### (三)嫁接

嫁接方法同嫁接苗培育。

### (四)定干

皂荚采穗母株的冠形采用独立主干形。

用品种苗木直接做采穗母株的幼树，栽植后及时在苗木距地面60~80厘米处截断定干，促使截口以下侧芽萌发。选留上下间距适宜、错着有序5~7个芽或侧枝主枝，抹除主干上其余的芽和枝。嫁接品种培育采穗母株的幼树，秋季生长停止后在树栽植后及时在苗木距地面60~80厘米处截掉顶梢，第二年春及时选留上下间距适宜、相错有序的5~7个芽，抹除主干上其余的芽。

## 五、整形修剪

### (一)整形

定干后，按不同方位、不同高度选留3~5个主枝，主枝垂直间距15~20厘米，各主枝开张角度为40°~60°。

2~3年内，将顶端的主枝培养为中心主干，继续按照不同方位、

间距15~20厘米培养3个主枝。树冠高度保持在2.5米以内。

**(二)修剪**

结合采穗剪除过密枝、病虫枝、枯死枝等，适时摘心，使树体通风透光、树势均衡。

## 六、改造采穗圃

**(一)改造园要求**

改造园应选择园相整齐、长势好，亩有效株数在22株以上、无病虫害、管理精细、交通方便的3~5年定植皂荚园，采集接穗在品种纯正的健壮皂荚树已建皂荚采穗圃内采集，硬枝穗条一般应选择直径在1.0~1.5厘米的1年生皂荚枝条，要求芽体饱满无病虫害。休眠期采集注意低温保湿储存。嫩枝穗条应选择芽体满，无病虫害的当年生皂荚枝条，开始采集视芽体成熟度和可利用芽数而定，注意穗条保温应随采随接，最长保存时间不超过3天。嫁接及管理：芽接可在夏季进行，6月底开始，时间视穗条接芽的成熟状况而定。单芽腹接可在春季进行(4月上旬至5月中旬)，嫁接的时间长短视穗条的保存期而定。嫁接方法分为嫩枝芽接和硬枝枝接，嫩枝芽接采用“T”形芽接法，硬枝枝接采用插皮接与单芽腹接方法。

**(二)嫁接**

1. 嫁接部位

插皮接离地10~20厘米处，用手锯将砧木上部锯断，直接在锯口嫁接。视砧木锯口大小，嫁接2~3个接穗单芽，腹接在幼树树干离地面60~80厘米处，嫁接第一个接芽，往上10厘米左右的树干，另一面嫁接第二个接芽。若砧木树体结构合理，可选择多枝头嫁接方式；嫩枝芽接在春季插皮嫁接，单芽腹接在未成活树的萌发、培养的新枝上嫁接。

2. 嫁接树管理

嫁接前后7~10天分别灌水一次。及时对砧木进行抹芽，以促进成活和接芽生长，芽接后7~10天未成活者应及时补接。芽接后

20天左右除去包扎物，单芽腹接后25天左右除去包扎物。当新梢长至10厘米时，及时施肥灌水，追施化肥应以钾肥为主。8月中旬开始停肥、控水，促进枝条木质化。

## 七、田间管理

皂荚苗生长较快，苗木年生长50~130厘米。苗木生长期间注意浇水、防病治虫、中耕除草，保证苗木健壮生长。

### （一）灌溉和排水

1. 灌溉

灌溉要掌握适时、适量。出苗期要适当控制灌溉，只要地面处于湿润状态，土壤不板结就不必灌溉。苗木生长初期采取少量多次的办法。速生期苗木生长快，气温高，应次少量多，一次灌透。嫁接前后7~10天分别灌水一次。每年的6~8月，是皂荚苗生长盛季，可以根据天气和苗木生长状况，适时适量灌溉和追肥。苗木生长后期控制灌溉，除特别干旱外，可不必灌溉。

2. 灌溉方法

宜采用侧方灌溉和喷灌，在早晨、傍晚或夜间进行。

3. 排水

降水或灌溉而形成的积水，应及时排除，并对苗床清沟培土，做到内水不积，外水不流。山地苗圃开好排水沟，以防山洪、暴雨冲毁苗圃。

### （二）松土除草

1. 松土除草原则

一般松土除草结合进行，在降雨和灌溉后及土壤板结的情况下进行。一般每年4~6次，灌溉条件差的应增加次数。松土深度以不伤苗木根系为原则。除草要本着“除早、除小、除了”的要求，做到床面、步道、垄间无杂草。

2. 化学除草

杂草多而育苗任务大时，可进行化学除草，除草剂选择。

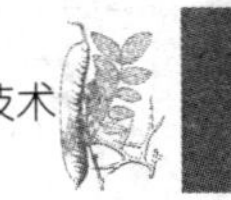

3. 松土方法

松土要逐次加深，全面松到，不伤苗，不压苗。株间宜浅，行间宜深。出苗初期，一般松土2~4厘米，速生期可逐步加深到6~12厘米。

**（三）补植**

断垄缺苗的应及时移植补缺。补植后应进行浇水浇灌，保护苗木根系。

**（四）追肥**

苗木生长初期(10厘米左右)用0.3%的尿素进行一次叶面喷肥；苗木速生期前期、中期(20厘米左右)时每公顷追尿素150千克；待幼苗长到40厘米以后时，每公顷施磷、钾肥300千克。

1. 追肥方法

追肥在苗行间开沟，将肥料施于沟内，然后盖土；亦可用水将肥料稀释后，全面喷洒于苗床(垅、畦)上(喷洒后用水清洗苗株)或灌溉于苗行间。

2. 追肥次数

一般在苗木生长侧根时进行第一次追肥，苗木速生期前期、中期进行一次追肥，苗木速生期后期进行1~2次追肥。在苗木封顶前一个月停止追施氮肥，最后一次追肥不得迟于苗木高生长停止前半个月。

## 八、采穗

**（一）穗条质量**

穗条要求长60~100厘米、粗0.6~1.0厘米，木质化较好，芽体发育充实饱满、无病虫害的当年新枝。

**（二）采穗时间、方法**

采穗时间以冬末春初为佳。采用人工采集方式，用修枝剪切剪，剪口要平，不允许有斜口或劈裂枝条。必须在穗条枝的下部留2~3个芽，以实现持续采穗、越采越多。

**（三）采穗量**

为了有计划地组织人力、物力适时采穗，做到有计划地供应、调运、使用穗条，必须进行穗条产量调查。夏季穗条还应进行适采期的预测调查，以利于穗条使用单位制定使用计划。休眠枝穗条可在秋季落叶后进行产量调查，夏季穗条应在5月上中旬完成。按总株数的1%~2%设置若干单株标准株（做标记），观测每株标准株的穗条数量，取其平均值，以此推算单位面积、各品种及全圃的穗条产量。

## 九、贮藏

秋季起苗、翌春嫁接的穗条，必须进行越冬假植或窖藏。窖藏需保持低温3℃以下，空气相对湿度85%以上。

**（一）处理**

按品种、穗条长短、粗细分别打捆包装，每30根或50根一捆；夏季采的穗条，应立即除去复叶，留2.0厘米左右长的复叶柄，每20根或30根打成捆；挂标签，标明品种和采集地点及时间。嫩枝穗条最好随用随采，保湿包装，如果需要冷藏储运，1~2天内使用完毕。

**（二）常规贮藏**

常规贮藏办法是穗条采回整理后，要及时放在低温保湿的深窖或山洞内贮藏，温度要求低于4℃，湿度达90%以上。在窖内贮藏时，应将穗条下半部埋在湿沙中，上半部露在外面，捆与捆之间用湿沙隔离，窖口要盖严，保持窖内冷凉，这样可贮藏至5月下旬到6月上旬，在贮藏期间要经常检查沙子的温度和窖内的湿度，防止穗条发热霉烂或失水风干。若无地窖也可在土壤结冻前，在冷凉高燥背阴处挖贮藏沟，沟深80厘米，宽100厘米，长度依穗条多少而定。入沟前先在沟内铺2~3厘米的干净河沙（含水量不超过10%），穗条倾斜摆放沟内，充填河沙至全部埋没，沟面上盖防雨材料。

也可将整理好的穗条放入塑料袋中，填入少量锯末、河沙等保

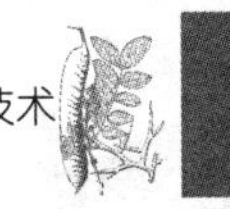

湿物，扎紧袋口，置于冷库中贮藏，温度保持3~5℃。其优点是省工、省力，缺点是接穗易失水，影响成活率。

**（三）蜡封接穗**

蜡封接穗能使接穗减少水分的蒸发，保证接穗从嫁接到成活一段时间的生命力，是目前推广使用较多的方法。其方法是接穗采集后，按所需的长度进行剪截，枝条过粗的应稍长些，细的不宜过长。剪穗时应注意剔除有损伤、腐烂、失水及发育不充实的枝条，并且对结果枝应剪除果痕。

封蜡时先将工业石蜡放在较深的容器内加热融化，待蜡温90~100℃时，将剪好的接穗枝段一头迅速在蜡液中蘸一下（时间在1秒以内），再换另一头速蘸。要求接穗上不留未蘸蜡的空间，中间部位的蜡层可稍有重叠。

注意蜡温不要过低或过高，过低则蜡层厚，易脱落，过高则易烫伤接穗。蜡封接穗要完全凉透后再收集贮存，可放在地窖、山洞中，要保持窖内温度及湿度。详细方法参见第三章内容。

## 十、档案管理

档案包括土地权属、立地条件、作业设计、品种、穗条采集时间、数量及去向、管理措施、有害生物种类和防治、检查验收和验收成果情况等。档案专人管理，保存15年以上。

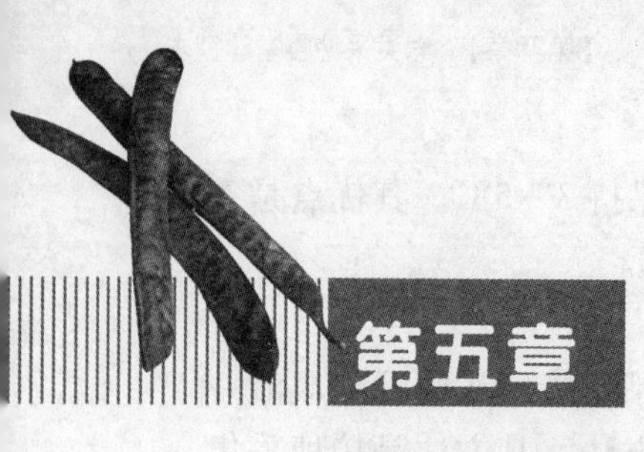

# 第五章 皂荚造林与建园技术

## 一、造林技术

### (一)环境要求

适宜山西省中南部广大地区以及北部部分小气候区域，海拔一般在1200米以下，坡度为25°以下的黄土丘陵、土石山区阳坡、半阳坡。皂荚对土壤要求不严，只要排水良好即可。喜生于土层深厚肥沃的地方，石灰质、轻盐碱、沙土地上也能生长。

### (二)造林密度

根据不同的立地条件，荒山造林密度为株行距2米×2米或2米×3米，即111~167株/亩。条件差的土石山区阳坡密度宜低，条件较好土壤深厚的密度宜高，有条件培育成种植园的，按株行距2米×3米、3米×4米即密度56~111株/亩栽植。

### (三)整地

1. 整地方式

平地、丘陵或山坡梯田可采取穴状整地，荒山造林采用鱼鳞坑整地。种植园可采取沿等高线进行带状整地(水平阶或水平沟、反坡梯田)等多种整地方法。

2. 整地规格

带状整地的带距3~4米，带宽60~80厘米，带间应保留自然植被，防止水土流失。穴状整地规格一般50厘米×50厘米×40厘米或60厘米×60厘米×50厘米居多；鱼鳞坑整地规格80厘米×60厘米×40厘米。

3. 整地时间

要提前预整地。半干旱地区造林整地，应在前一天雨季秋季进行，条件较好的地区造林前一季或当年早春整地。

**（四）良种选择**

1. 尽量选择本地的优良品种或经过相关部门审定或认定的优良品种或无性系。

2. 苗木选择与处理

苗木要分级造林，Ⅰ、Ⅱ级苗木可出圃造林。苗木必须保持根系较完整，顶芽饱满，无病虫害，无机械损伤，不失水。

**（五）栽植**

1. 栽植方法

在栽植前用根宝或生根粉等处理根系，栽植时，浇透定根水，上盖松土，再用锅底形地膜覆盖。干旱地区、沙质土壤可适当深栽，容器苗造林必须脱掉容器。

2. 栽植时间

宜在晚秋至土壤封冻前或土壤解冻后至早春萌芽前进行。容器苗可不受季节限制，适时造林。

**（六）抚育管理**

1. 松土除草

连续进行3～5年，每年1～3次。干旱地区除草松土宜深些，丘陵山区可结合抚育进行扩穴，增加营养面积。根据不同树种和灌草种类，可选用适宜的化学除草剂除草。

2. 施肥

（1）基肥

应在秋季皂荚刺、皂荚果成熟以后施基肥，以厩肥、腐熟的人粪尿等有机肥为主，掺入部分氮素、磷素化肥。

（2）追肥

以产皂荚刺、皂荚果为目的林分，为了保证产量要进行合理追肥，一年两次，第一次在花期，第二次在幼果期。以施有机肥为主，可兼施氮、磷、钾复合肥。年施肥量折复合肥0.25~0.5千克/株。造林后当年不施肥，第二到第三年，离幼树30厘米处沟施。3年后，沿幼树树冠投影线沟施。

## 二、建园技术

皂荚对立地条件要求不严，山地、丘陵、坡地、旱塬、水地、轻度盐碱地、垆土、绵土、沙土等都可栽种。但是，不宜在低洼积水处和下湿地及重度盐碱地栽植。

### (一)园址选择

皂荚耐旱不耐涝，在低洼积水处生长不良，甚至死亡，所以园址尽量避开低洼积水处。

### (二)栽植密度

株行距3米×4米，亩栽55株；2米×5米，亩栽66株；3米×3米或2米×4.5米，亩栽74株；2米×4米，亩栽83株；2米×3米，亩栽110株。生产中以亩栽56~74株最适宜，高密度不易管理，病虫害严重，对管理技术要求高。

刺用皂荚一般株行距1.5米×2.5米，每亩177株。

培养行道树的园子，最初定植密度60厘米×120厘米，每亩925株，3年之后，逐年间伐。

### (三)栽植时间

1. 春栽

在早春树苗发芽前进行。对于有水源的地方，栽后能及时浇水，皂荚春栽比秋栽表现好，成活率高，生长旺盛。

2. 秋栽

时间10月下旬至11月中旬，再晚则不宜。10月下旬正是北方秋雨季节，对干旱地区来说是土壤湿度最好的时期。此时栽树，一是有较湿润的土壤，二是有较高的地温，这种环境很有利于生根。凡是此时栽的苗，一般入冬前即有根系生成，可以迅速恢复吸水功能，对苗木的成活和来年的生长极为有利。对于没有一点水可浇的旱塬地区，秋栽无疑是最佳时机。

秋栽宜早不宜晚。实践证明，12 月以后栽的树，因为气温低，根系吸水功能差，难以补充地上部分所散失的水分，因此冬季常有抽条现象发生，甚至不能越冬而死亡，成活率大大降低。

实践中我们发现，凡是长刺的树木，如皂荚、枣树、花椒树等，发芽前栽，不如栽刚刚发芽的苗木，只要及时浇水，发了芽的苗木成活率更高。

**(四)栽植方法**

1. 栽前准备

栽植前，对苗木进行根系修剪，剪除伤根、病根，并用 BT 生根粉蘸根处理，远运的苗木在清水中浸泡一昼夜后再栽植。

2. 树坑大小

有足够水可浇的地方可挖大坑(1 米见方)，若无大量水可浇，可挖 60 厘米见方的小坑。

3. 挖坑

大规模发展，栽种任务大时，常选用挖掘机挖坑，一般长、宽、深 60 厘米。高密度栽植时，常用挖掘机挖条壕，宽和深为 60 厘米，并在壕里施肥。

人工挖坑时，挖出的表土和底土分别放在两侧。栽植时，将表土和有机肥、复合肥混合后回填。

对有足够水可浇，但无肥可施的地方，可以春栽秋挖坑，秋栽夏挖坑，提前挖坑可以使坑内土壤有足够的风化、熟化时间。没有足够水可浇的地方，要边栽边挖。

4. 施肥

每坑施优质农家肥 10 千克左右，复合肥 1 千克左右。

5. 栽植

栽植时，要大坑浅栽，不可过深，以略超苗木原入土深度为宜，过深了，根茎部分呼吸困难，生长不良，树势衰弱；过浅，容易干枯，造成死苗。

具体栽法要按“三埋二踩一提苗”的植树原则进行，要使根系舒展均匀分布。要边填土边踩实，并将苗木轻轻摇动上提，以免根系卷曲和向上翻卷，要让根与土壤紧密接触。栽好后，要做树盘，充分灌溉，且待水完全渗下后，再盖一层松土。

6. 浇水

栽植当天立即浇水，7天后再浇一次水，15天后再浇第三次水，确保成活。

**(五)抗旱节水栽植法**

皂荚多栽植在干旱山岭地区，没有灌水条件，宜采用抗旱节水栽植法，具体方法如下。

1. 树行挖壕

下雨时，易将雨水集中于树行，再在树壕内挖小坑栽树，以50厘米见方为宜。

2. 漏斗坑栽植

斜坡挖坑时将土放在下水方向，栽树时用树坑四周阳土回填，扩大树穴。栽后再将苗根附近和树坑四周的土用力踏实，并使栽植坑呈漏斗形。然后浇水，待水渗下后再撒一层湿土，一两天之后踩实。

3. 覆膜

不论哪种树坑，浇水踩实后即可覆膜，覆膜前将树坑整理成漏斗形，下雨时水可渗入根部。当地表温度35℃以上时，膜上要覆土，浇水困难的地方在膜上也应该再盖一层土，可有效保持水分。

4. 使用“春之霖缓释固体水”

由北京林业大学和深圳市艾德迈尔科技有限公司共同研制开发的抗旱造林高新技术产品——春之霖固体水，是采用高新技术方法将普通水固化，使水的物理性质发生巨大变化，变成不流动、无蒸发、不渗漏，零度不结冰，能在常温、低温下长期保存和使用的固态束缚水。固体水通过与植物根系接触，在土壤微生物作用下发生生物降解，直接并缓慢地释放水分。因供水方式与植物吸水过程同

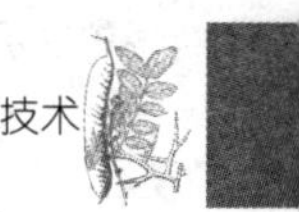

步，从而使固体水被植物吸收率接近100%。春之霖固体水已获得国家技术专利，填补了我国的一项空白，达到了国际先进水平。与常规灌溉水相比，固体水是植物生长的长效水源，节水效果明显，一次使用3个月内不用浇水。使用这种固体水造林成活率达到90%，远远高于常规造林的成活率。并且，这种固体水在使用过程中无毒无害，具有良好的生态效益。

5. 推荐两种抗旱植树法

(1)使用"树葆"

"树葆"也称"植物葆青罐"，是一项国家发明专利，是干旱地区保障植物存活的植物葆青装置。该装置包括蓄水容器、蒸发罩、漏斗、指示杆、浮子等。该技术适用于年降水量300毫米以下地区及干旱沙化土壤和沙漠地区。

(2)干旱地区植树方法

是由袋装技术、穿孔技术、客土技术、滴灌技术组成。采用袋装技术，把植物直接栽培在保水透气袋内，成功地解决了蒸发和渗漏两大难题；通过穿孔，使植物接通大地上升水气，雨水通过洞孔流入保水透气袋内，植物根系则从孔中顺利伸出，生长到更深的土壤中，有效提高了干旱地区造林成活率；客土技术，使任何土质的地区均可植树造林，扩展了造林空间；采用滴灌，能确保九成的水分被植物吸收，且液体肥料及生根液便于植物吸收，促进植物生长，不浪费水肥资源。

**(六)栽后管理**

1. 浇好头三水

即栽后当天立即浇水，一周左右浇第二水，15天后再浇第三水。第一次是固定水，第二和第三次是成活水，树木成活的关键是第二和第三水，以后每月浇一次透水。

2. 留足营养带

皂荚地最好不要间作，如果要间作也要选低秆作物，确保作物不与幼苗争肥争水。

3. 土地耕作除草

实践证明，凡是土地管理好的，皂荚成活率就高，生长就好。反之，杂草丛生，甚至发生草荒的，皂荚成活率就很差，即便成活了，生长也很差。

4. 防止抽条

抽条并非单纯冻害，有相当一部分是吸收根未形成，或根系处于冻土层，不能充分吸收水分，地上枝条大量蒸腾失水，因水分失调而发生抽条。抽条现象常发生在气温开始回升的2~3月，而不是气温最低的1月，因为2月比1月蒸腾量大，3月天旱风大，蒸腾量更大，抽条更严重。预防措施：一是入冬前浇水，可防抽条；二是树干涂白防抽条。

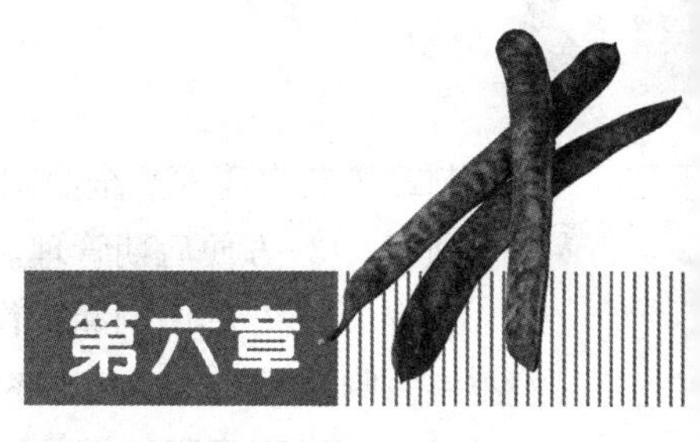

# 第六章

# 野皂荚灌木林嫁接改造技术

## 一、改造意义

野皂荚(*Gleditsia microphylla*)灌木林是一种群落结构不稳定，自然生态效益及社会经济效益低下的低质低效林，山西总面积达300多万亩，主要分布在山西太行山中南部、吕梁山西南部、太岳山海拔400~1500米的黄土丘陵、多石山坡或阳坡的灌丛中。很多贫困山区都有大量的野皂荚资源，实施野皂荚灌改乔工程，不仅有巨大的经济效益，而且有非常好的生态效益和社会效益，将使这些地方走出贫困的根本出路。

通过对低效野皂荚林改造，换接成经济价值更高、生态效益更好的皂荚林，不仅可以保存皂荚优良资源，提高森林覆盖率，而且能增加单位面积内的生物量，提高森林蓄积量，更重要的是可以提高野皂荚林地经济价值，增加农民收入，促进农村区域经济发展及产业结构调整。

## 二、改造技术

### (一)改造对象

海拔1300米以下、坡度30°以下的野皂荚灌木林。

### (二)割灌

计划进行灌改乔作业的山坡，必须在嫁接前先进行割灌。割灌是灌改乔作业的一项主要工作，而且嫁接后要持续3~7年。

割灌的方法：一是把山上所有小灌木全部割除，包括酸枣、黄刺玫等杂生灌木。全面割除的好处是：① 一步到位；② 作业面干净利索；③ 方便后期管理。缺点是：① 一旦嫁接不能成活，对植被破坏较大；② 集中割灌工作任务大、费用高。

割灌时间：当年入冬至翌年清明前最佳，也可以在生长季作业。

**（三）割灌整地模式**

1. 短带状割灌鱼鳞坑整地

在野皂荚天然灌木林地上进行短带状割草除灌，短带状割灌长度根据野皂荚的分布情况因地制宜，带的长度15~50米、宽度3~12米为宜。野皂荚按大概株行距3米×3米或3米×4米保留，定植点鱼鳞坑扩穴整地，规格为60厘米×60厘米×30厘米。此方式适合集中连片分布且坡面整齐的野皂荚灌木林。

2. 局部割灌鱼鳞坑整地

在野皂荚天然灌木林地上，按照野皂荚分布情况及地径大小，按株行距3米×3米或3米×4米进行局部割草除灌。割灌以定植点为中心，割灌面积1.5米见方，定植点鱼鳞坑扩穴整地，规格为60厘米×60厘米×30厘米。此模式适合坡度≥25°的石质山坡。

3. 块状割灌鱼鳞坑整地

在野皂荚天然灌木林地上进行斑块状割草除灌，块状割灌面积根据野皂荚的分布面积而定，块状适宜面积为1~15亩。野皂荚按大概株行距3米×3米或3米×4米保留，定植点鱼鳞坑扩穴整地，规格为60厘米×60厘米×30厘米。此方式适合集中连片分布，但坡面不整齐的野皂荚灌木林。

**（四）定株**

每个定植点保留1~2株目标灌木进行嫁接，要尽可能保留地径较粗，长势好的野皂荚进行嫁接。3个月确保成活后，保留长势最好的1株。

**（五）野皂荚嫁接**

1. 嫁接品种

灌改乔不是所有的栽培皂荚品种都适宜，实践中我们发现，有

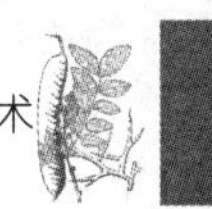

的品种比较适宜，有的品种很不适宜。虽然适宜的品种不一定经济效益最好。但是野生皂荚绝大多数生长在非耕地上，不占用耕地资源，生产成本低，能有一定的经济效益即可，应当首先考虑成活，实现经济效益和生态效益并重，森林资源提质增效的目的。

选择标准：① 耐干旱、耐瘠薄、抗寒、抗风、适应性强、丰产稳产的皂荚品种。一般以小叶型品种为好，不能选择对肥水要求高的大叶型品种。② 选择嫁接亲和力强的品种。野生皂荚和栽培品种有一个种间嫁接不亲和的问题，常常出现小脚病现象，这就要求我们必须认真观察，选择那些嫁接亲和力强，小脚病现象轻或没有小脚病的品种。③ 可适当选择好的刺用品种。虽然近年来皂刺市场价格下滑较大，但是毕竟皂刺是一种传统中药，有它独特的用途，所以我们还是应该适当发展。但必须选择有效成分含量高、药用价值大的好品种。

2. 接穗准备

(1)采集

秋季落叶后至翌年树液流动前，在生长健壮的母树或良种无性系采穗圃选择枝条发育充实、芽饱满、无病虫害，粗 0.6～1.0 厘米的 1 年生枝条。

(2)制备

将穗条剪成至少带 2 个饱满芽、长 10～12 厘米，剪口封蜡或全封，打捆。

(3)储藏

地窖或冷库储存。也可埋入含水量 20% 左右的沙土中，封土厚度依据气温高低适当调节。接穗适合储藏温度 -5～5℃。

3. 嫁接时间

春季树液流动至展叶期为最佳嫁接时期。

4. 嫁接目标树的选择

野皂荚树多是丛生的，常常一丛有 4～8 个以上，分别是多年长出的，有大有小。我们不能选择那些最粗最大的，因为最粗最大的树龄比较大，常常顶端已经有枯死现象，生命活力下降，嫁接成活率和嫁接后生长情况都不好。我们要选择那些粗细适中，生命活力强的，直立光滑的，这样嫁接成活率和嫁接后生长情况都要好些。

5. 砧木处理

对割灌后留用的嫁接目标树距地面 5～15 厘米处锯干，且越低越好。低一点好处：① 今后搞鱼鳞坑时，便于把原来那一丛野皂荚根茎，全部埋于地下。② 如果品种不对路，灌改乔后，有时会出现小脚现象，低一点，大大减少小脚部分。③ 减少风折。嫁接部位越高，接好后越容易风折。

6. 嫁接方法

(1)劈接

① 削接穗：将采来的接穗去掉梢头和基部叶芽不饱满的部分，截成 5～6 厘米长，生有 2～3 个饱满叶芽。然后在接穗下芽 3 厘米左右处的两侧削成一个正楔形的斜面，削面长 2～3 厘米。接穗削好后，应该用温布包裹，以防止水分蒸发。

② 劈砧木：在离地面 10～20 厘米或与地面平处锯断砧木的树干，清除砧木周围的土、石块和杂草。砧木断面要用快刀削平滑。在断面上选择皮厚、纹理顺的地方做劈口。劈口应安排在断面中间或 2/3 处，垂直向下深约 2～3 厘米。在砧木断面上劈口时，不要用力过猛，可将劈接刀放在要劈开的部位，轻轻敲打刀背，使劈接刀慢慢进入砧木中。

③ 插接穗：用劈接刀楔部撬开切口，将接穗轻轻插入，并使接穗靠在砧木的一边，务必要使接穗和砧木的形成层对准。插接穗时，不要将削面全插进去，要露出 2～3 毫米削面，这样做能使接穗和砧木的形成层接触面大，利于分生组织的形成和愈合。接穗插入后，用专用塑料带从上往下将接口绑紧。

(2)插皮接

① 砧木处理：在距离地面 10～20 厘米处选一光滑无节疤处锯断或剪断，断面要求与枝干垂直，锯平滑，以利愈合。

② 削穗取芽：将接穗先削一个长 3～5 厘米的长削面，再在对面削一个小削面形成楔形，接穗留 2～4 个芽，顶芽留在大削面对面，接穗削的厚度一般在 0.3～0.4 厘米之间。

③ 装芽：在削平的砧木切口处选一光滑处划一条纵切口，比接穗稍短一些，深达木质部，然后插入削好的接穗，长削面对着木质部。

④ 捆绑保湿：最后薄膜绑缚即可，要求将切口和皮缝都包严实，接穗及砧木用塑料袋套住，以减少水分蒸发，注意绑扎时不要碰接穗。

7. 接后管理

(1)控水、除萌、解绑

接后 2 周内要经常检查接头是否积水，若出现积水应及时放水。嫁接成活后应及时抹除萌蘖，防止养分消耗，利于嫁接部位愈合，当年需除萌 5～7 次。接芽长到 10 厘米时松动塑料条。修鱼鳞坑时，要把原来那一丛野皂荚根茎，全部埋于地下，地上部只留嫁接苗，这样减少萌蘖，便于管理。

(2)割灌、除草、松土

及时割除影响嫁接幼树生长的灌木和杂草，当年需割灌除草 2～3 次。雨季松动土壤。

(3)水肥管理

施肥一年两次，第一次在 4 月上中旬，第二次在 6 月上中旬。以施有机肥为主，可兼施氮、磷、钾复合肥。年施肥量折复合肥 0.25～0.5 千克/株，离幼树 30 厘米处沟施。3 年后，沿幼树树冠投影线沟施。干旱时做好引水、灌溉等抗旱保墒，也可结合根外追施提高抗旱能力。

(4)打药治虫

山坡上各种害虫很多，有蚂蚱、田鼠、野兔等，为了保护好嫁接小苗，必须及时进行打药。为防野兔群众常常用干枯的枣刺保护小苗，效果非常好。

(5)防止风折

当新梢长到30厘米时，要用直立木棍作支架进行绑缚，对位于山岗上和风口处的嫁接成活幼树更为必要。

(6)修育林带或鱼鳞坑

嫁接后，经过几次抹芽，6~7月就要以嫁接幼树为中心修筑鱼鳞坑。鱼鳞坑最小80厘米×80厘米，目的就是为了蓄水。修鱼鳞坑时，要把原来那一丛野皂荚根茎，全部埋于地下，地上部只留嫁接苗，这样减少萌蘖，便于管理。如果是土质山坡，就可以修水平育林带，带宽0.8~1米。

灌改乔要始终注意一个“水”字，因为水是制约灌改乔成功与否的关键。在雨季刨树盘，疏松土壤，增加土壤蓄水量，同时也利于保墒。

及时割除影响嫁接幼树生长的灌木和杂草，当年需割灌除草2~3次。

(7)定干

培育主干高150~200厘米，3~4个主枝，与主干呈50°倾角，主枝长80~100厘米，每个主枝上再选留3个左右侧枝。秋冬季或早春修剪。

(8)修剪

对枝条进行修剪以调控枝条生长发育和均衡树势，达到通风透光良好、促进早结果刺、多结果刺、稳产优质的目的。可采取短剪法、疏剪法、长放修剪法等。短剪法是采取剪去部分枝梢的办法，有效促进皂荚局部枝、芽的生长发育；疏剪法是剪除扰乱树形的枝条、无利用价值的徒长枝、严重的病虫枝、已枯死的枝条。修剪时，可采用三种方法相结合进行修剪。

(9)成林管理

皂荚刺采收后(每年冬春)，逐年向树干外围深挖垦抚，范围稍大于皂荚树冠投影面积。

# 第七章 皂荚土肥水管理技术

皂荚虽然耐干旱、耐瘠薄，但是，毕竟土肥水管理到位更好。我们要想获得产量更高、品质更优的皂荚，要谋求更大的经济效益，最根本的途径就是搞好土、肥、水综合管理。

## 一、土

### （一）土壤管理

土壤是构成土地的基础，它是由矿物质、有机质、水分（土壤溶液）、空气（土壤空气）、微生物等组成。

了解掌握土壤的种类，因地制宜，对发展农、林业意义重大，是我们搞好皂荚生产的基础。土壤因结构不同、用途不同有很多分类，我们这里所说的是北方耕地的常见土地类型，它们的具体特性如下。

1. 沙土地

沙土地指含有沙粒的土壤，含沙量一般在20%~50%，这类土壤质地疏松，耕作方便，通气、透水性强，春季土温上升快，利于树木早发芽，特别有利于种子的发芽出苗。由于其透气性好，土壤微生物以好气性的占优势，有机质分解快。但不耐旱，养分易淋失，保水保肥力差，本身养分也少。是发小苗，不发老苗的土壤。要改造它，可掺入塘泥、河床淤泥等进行改良。

2. 垆土地

垆土地土壤基本不含沙，特性正好和沙土地相反，它的质地黏重，耕性差，通气透水性较差。土粒之间缺少大孔隙。这种土水多气少，土温变化小，腐殖质易积累，有机质较丰富，且分解慢，保水保肥能力强，土壤养分不易淋失。是发老苗不发小苗的土壤，作物产量高。

3. 壤土和绵土

壤土和绵土性质介于沙土地与垆土地之间，在土壤颗粒的组成中，黏粒、粉粒、沙砾含量适中。它们的特点是：土壤质地较轻，耕作方便，通气透水性较好，比较保水保肥，土壤养分含量较高，好地有机质含量大于0.4%。农作物早生快发，抗逆性强，适种性广，易培肥成高产稳产的土地。

4. 沙盖垆土

沙盖垆土上层是沙土，下层是垆土，群众称为沙盖垆。它集合了沙土地与垆土地的两大优点，土壤的各方面性质都好，既发小苗又发老苗，是培养高产田与样板田的最好土壤。

5. 盐碱土

盐碱土中由于可溶性盐分和代换性钠的含量太高，作物和树木难以生长。它的分布较为广泛，资源丰富，但若不经过脱盐碱改良，一般是难以利用的。盐碱土的改良，一般采取以水肥为中心，水利、农业、生物等措施进行综合改良。

总的说来，好的土壤能为植物根系生长提供最佳的水、肥、气、热、微生物条件，生产中我们就是要想方设法，充分发挥好各类土壤的优点，通过施肥、耕作等农业措施，来改造它们的缺点，朝着丰产稳产方向努力。

**（二）土壤改良措施**

1. 深翻松土

深翻松土主要是皂荚建园时，最好是在定植前，施足底肥，进行深翻，深度25厘米以上。深翻目的是增加活土层厚度，有利于提高土壤透气性，提高保水、保肥能力；有利于提高地温；有利于根系向深处、远处生长。

2. 中耕松土

在每年的生产季节里，都要结合除草进行几次中耕，既消灭了杂草又提高了地温、保水、保肥，为皂荚丰产丰收创造良好的前提条件。

中耕可在春、夏、秋三季用旋耕机耕作3～5次，要视具体情况而定。

3. 增施有机肥

增施有机肥是改良土壤的最有效途径。以秸秆肥、农家肥为主，每亩5方以上。有机肥在提高土壤肥力的同时，能极大地改善土壤的透气性和保水性，改善土壤的团粒结构，改善土壤的水、肥、气、热等环境条件。

4. 合理间作

① 皂荚可与农作物间作：可以间作油菜、黄豆、花生、薯类等。

②与药用植物间作：可以种植防风、柴胡、半夏、续断等药材，但离树行一定要远，最少80厘米。

③与蔬菜间作：间作冬瓜、南瓜、葱、蒜等。

④与花卉间作：在水分条件好、土壤肥沃的园子里，可以在荫蔽少光的树行间，间作文竹、绿萝、吊兰、红掌等，待长成后装盆上市。

## 二、肥

### (一)肥料

肥料，是提供一种或多种植物必需的营养元素，改善土壤性质、提高土壤肥力水平的一类物质。

植物生长必需的营养元素有：碳、氢、氧、氮、磷、钾、钙、镁、硫、铁、硼、锰、铜、锌、钼及氯等16种元素，任何一种元素的缺少都会影响到作物的正常生长发育。

### (二)种类

农业生产中，常用的肥料品种很多，根据肥料的来源和性质的不同，一般可划分为化肥、农家肥、生物肥料(菌肥)三大类。

1. 化肥

凡是工厂用化学合成方法以及将某些含有肥料成分的矿物（如磷矿石、硼矿石、钾石盐等），通过破碎、精选、化学加工制成的肥料，或一些属于工矿企业的副产品（如炼焦回收的氨、钢渣磷肥、窑灰钾肥等），具有矿物盐和无机盐性质的肥料都是无机肥料，统称化肥。

化肥可细分为如下6种。

(1)氮肥

以可被植物利用的氮素化合物为主要成分。又可细分为铵（氨）态氮肥、硝态氮肥、硝铵类氮肥、酰胺态和氰氨态氮肥等。

(2)磷肥

这类肥料以植物可利用的无机磷化物为主要成分。根据其溶解性质分为水溶性磷肥（主要有过磷酸钙、重过磷酸钙）、枸溶性磷肥（主要有钙美磷肥、沉淀磷肥、脱氟磷肥、钢渣磷肥）。

(3)钾肥

以含可溶性无机钾化物为主要成分。主要有硫酸钾和氯化钾两种。

(4)复合肥

这类肥料含有氮、磷、钾三种要素中两种或三种营养元素。

(5)复混肥

它是根据生产需要，将若干种营养元素，经过机械加工而制成的肥料。

(6)微肥

指含有效态硼、锰、铜、锌、钼、铁等微量营养元素的肥料。

2. 农家肥

农家肥也称有机肥，是农村中就地取材，就地积制而成的一切自然肥料的总称。它们大多是动植物残体或人畜排泄物以及生活垃圾等，经过微生物分解转化堆腐而成。它含有丰富的有机物，具有来源广、成本低、养分全、肥效长等特点。包括粪尿肥类、堆沤肥、秸秆类肥、绿肥类、土杂肥类、饼肥类、腐殖酸类肥、农用废弃物类、沼气肥类等。

3. 菌肥

菌肥也称生物肥料，是由人工培养的某些有益的土壤微生物而制成的。如根瘤菌剂、固氮菌剂、磷细菌剂、复合菌剂、抗生菌剂等。这种肥料本身不含养分，也不能替代化肥、农家肥。但它们可以通过微生物的生命活动产物来改善植物营养，刺激植物生长，或抑制有害病菌在土壤中活动，可由此而达到提高作物产量的目的。

**（三）施肥**

1. 施肥的原则

以农家肥为主，化肥、菌肥为辅。化肥和农家肥（或商品有机肥）混合施用。

施用化肥时要多肥配合，看树施肥。

①5 年以前小树以氮肥为主。为了加速树体营养生长、迅速扩大树冠，应在春季适当多施氮肥；5 年以后，树体逐渐从营养生长为主转向生殖生长为主，这一时期要求树势缓和，达到壮而不旺的管理目的，施肥时，应以有机肥为主，氮磷钾合理搭配。

②苗圃多施氮肥，大树园多施磷钾肥。

③在控制全年总肥量的前提下，氮、磷、钾要按一定的比例施用。切忌把氮、磷、钾混在一起，一次性施用，而是要分季节，按一定的比例施用。春季氮肥比例大，夏季钾肥比例大，秋季磷肥比例大，叫做春氮、夏钾、秋磷。氮、钾施用要分为基肥和二次追施，生产中磷肥常常全部用作秋季基肥来施。

④除了大量元素之外，还要注意微量元素，微量元素一般采用叶面喷肥。皂荚应当喷施的是硼、锌、锰、硅等。

2. 施肥量

确定施肥量的方法：首先要进行土壤肥力化验，要知道土壤供肥量，其次要科学确定我们的目标产量，还要考虑化肥利用率等。化肥利用率低，这是一个全球性问题，在我国尤其突出。通过多年生产实践我们得知，一般氮肥的利用率为 30%，磷肥的利用率 20%，钾肥为 40% 上下。

了解实现计划产量所需的养分总量、土壤供肥量和将要施用的肥料利用率及该种肥料中某一养分的含量，就可依据下面公式估算出计划施肥量：

计划施肥量 =（计划产量所需养分总量—土壤供肥量）/（肥料的养分含量 × 肥料的利用率）

凭经验农家肥每亩 3500 ~ 5000 千克，微量元素喷施量 1 千克/（株 · 年），喷施浓度一般是 0.1%~0.3%。常规化肥施用量如表 7-1。

**表 7-1　常规化肥施用量**　　千克/（株 · 年）

| 树龄（年） | 标准氮肥 | 过磷酸钙 | 氯化钾 |
|---|---|---|---|
| 1 ~ 2 | 0.2 | 0.5 | 0.3 |
| 3 ~ 5 | 0.3 | 1 | 0.6 |
| 6 ~ 8 | 0.5 | 1.5 | 1.0 |

8 年以后，施肥量逐年适量增加。不管一年施几次肥，氮磷钾化肥总量不应超过 200 千克，微量元素肥料（钙镁硼锌铁锰硅等）不应超过 20 ~ 30 千克，生物菌肥不应超过 300 ~ 400 千克，或商品有机肥不应超过 500 ~ 1000 千克。

3. 追肥

（1）幼树

1 ~ 5 年的幼树，待新梢长至 20 厘米时，结合浇水，每株施尿素 100 ~ 200 克，注意距离树苗中心位置 40 厘米以上。

（2）盛产大树

每年待新梢长至 20 厘米时，结合浇水，要追施复合肥，每亩 30 ~ 50 千克。4 月追肥，亩施尿素 12 ~ 15 千克、硫酸钾 8 ~ 10 千克。5 月果实膨大期追肥，亩施尿素 5 ~ 8 千克、硫酸钾 10 ~ 20 千克。7 月亩追施尿素 5 ~ 6 千克、磷酸二铵 20 ~ 30 千克、硫酸钾 10 ~ 15 千克。

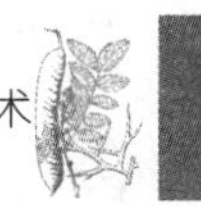

4. 施基肥

以秋施为佳，时间宜在9月下旬至10月上旬。基肥最好是腐熟的玉米、大豆等农作物秸秆，其次是牛羊猪等家畜圈肥，再次是人粪尿，每亩施肥量4~5千克。如果没有农家肥，只好用商品有机肥和复合肥代替，每亩施商品有机肥50千克或复合肥50千克。

5. 叶面喷肥

叶面喷肥具有用肥用水少、流失少、见效快、利用率高、可和多种农药混用等优点。方法是：2~3周一次，生长前期以氮为主，后期磷、钾为主，一般可喷0.2%~0.3%尿素、0.5%~1.0%过磷酸钙、0.2%~0.3%磷酸钾。花期喷两次0.1%~0.3%硼砂，6~7月喷0.1%~0.2%锌肥和锰肥，喷肥时间以11:00以前、16:00后为宜。

## 三、水

水是植物生存的必需条件，也是植物体构成的主要成分，任何植物，体内的生理活动都要在水分参与下才能进行。据报道，光合作用每生产0.5千克光合产物，约蒸腾150~400千克水。水分过多或不足，都影响皂荚的正常生长发育，甚至会导致皂荚树衰老、死亡。

### (一)水在皂荚树生理活动中的重要作用

水是皂荚生命过程不可缺少的物质。皂荚树枝叶和根部的水分含量约占50%以上，细胞间代谢物质的传送、根系吸收的无机营养物质输送以及光合作用合成的碳水化合物分配，都是以水作为介质进行的。另外，水对细胞壁产生的膨压，得以支持树木维持其结构状态，当枝叶细胞失去膨压即发生萎蔫并失去生理功能，如果萎蔫时间过长则导致器官或皂荚树最终死亡。一般树木根系正常生长所需的土壤水分为田间持水量的60%~80%。

树木生长需要足量的水，但水又不同于吸收的其他物质，其中大约只有1%被保留下来，而大量的水分通过蒸腾作用耗失体外。蒸腾作用能降低皂荚树温度，如果没有蒸腾，叶片将迅速上升到致死的温度；蒸腾的另一个重要生理作用是同时完成对养分的吸收与输送。根系吸水就是靠蒸腾作用，蒸腾使皂荚树水分减少而在根内产生水分张力，土壤中的水分随此张力进入根系。当土壤干燥时，土壤与根系的水分张力梯度减小，根系对水分的吸收急剧下降或停止，叶片发生萎蔫、气孔关闭，蒸腾暂时停止。如果给土壤补给水分，皂荚树会恢复原状；但当土壤水分进一步降低时，长期干旱，达到永久萎蔫点时，皂荚树萎蔫将难以恢复，必将枯死。

**(二)皂荚树生长与需水时期**

春季萌芽前，为皂荚需水的重要时期，如果冬季干旱则需在初春补足水分，此期水分不足，常延迟萌芽或萌芽不整齐，影响新梢生长。

花期干旱会引起落花，降低皂荚产量，为皂荚树又一需水的重要时期。

新梢生长期，温度急剧上升，枝叶生长迅速旺盛，此期需水量最多，对缺水反应最敏感，为需水临界期，供水不足对皂荚树年生长影响巨大。

花芽分化期需水相对较少，如果水分过多则花芽分化减少。

秋梢过旺生长是由后期水分过多造成的，这种枝条往往组织不充实、越冬性差，易遭低温冻害。

皂荚属于耐旱性树种，对水分需求不大，在干旱地区能正常生长。但是，有水利条件的地方，合理浇水，丰产性更好，每年最少应浇3~4次水。

**(三)浇水的关键时期**

3月早春发芽水、11月落叶越冬水、5月荚果膨大水。

1. 发芽水

3月上旬，树液开始流动时，要浇发芽水。发芽水宜早不宜迟，如果已经发芽才浇水，由于浇水后地温会大大降低，反而会推迟发芽。

2. 越冬水

越冬水是11月下旬，土壤将要上冻时，浇的一次越冬休眠水，对于皂荚树安全越冬及第二年生长意义重大。

3. 生长季节浇水

(1)5月荚果膨大水

在运城一般都是4月开花，5月荚果进入快速膨大期，此时如果降雨不足，必须浇水。

(2)结合施肥浇水

结合春夏追肥、秋施基肥，都应浇水。

(3)抗旱浇水

我们北方十年九旱，在皂荚生长季节，特别是三伏天经常会遇到干旱，皂荚要想高产优质，伏天浇水、科学浇水是非常必要的。

## 四、除草

在皂荚生长季节，除草是一项非常重要的农活。皂荚可以忍受瘠薄和干旱，但不能忍受草荒。实践中我们可以看到，即使是很干旱贫瘠的地方，只要树下没有过多的杂草，皂荚都能正常生长，相反，如果地里发生草荒，皂荚树就生长很差，甚至枯死，所以除草非常重要。

### (一)中耕除草

在皂荚的生长季节，常结合施肥，进行中耕除草，一举两得。不施肥时，常用旋耕耙旋耕除草，提高效率，节约成本。机械除草，一年应该4~6次以上。

### (二)人工除草

人工除草，虽然费力费钱，但是，效果很好，又绿色环保。有些不便机械除草的地方，还必须进行人工除草。

### (三)化学除草

化学除草剂对土壤污染很大，生产中尽量不用。在特殊情况下，万不得已时才用，就这也应该尽量减少使用次数和使用量。

除草剂分灭生性除草剂和选择性除草剂，要根据具体情况而定。常用的除草剂有五氯酚钠、溴苯腈、克芜踪、氰氟草酯、百草枯等。如果地里芦苇草很多时，可选用内吸性除草剂二甲四氯、茅草枯、西玛津等。喷施时注意不能喷到树上，否则烧伤枝叶。

# 第八章 皂荚树整形修剪技术

## 一、整形修剪及其目的

### （一）整形与修剪

1. 整形

整形也称整枝，即把皂荚树修剪成一定的形状。

树形是皂荚树的骨架，是在生产实践中，根据皂荚树的生长结果特性总结出来的。各地应该根据具体情况来选择，树形结构是相对的，不是一成不变的，应该是不断发展变化的。

2. 修剪

修剪是对皂荚树各类枝和芽所进行的各种技术处理方法。为使皂荚树的长树和结果相得益彰，或者说为使营养生长和生殖生长更协调，更科学合理，就要对皂荚树上各类枝和芽进行各种技术处理。

3. 整形和修剪的关系

整形和修剪密不可分。整形必须通过修剪手段来实现，是修剪的重要组成部分；修剪是为了达到树形科学、产量高品质好的目的，而对枝、芽采用的具体技术处理措施。整形主要在幼树阶段进行，而修剪则贯穿于皂荚树的一生之中。整形和修剪都是统一于栽培目的之下的有效管理措施，是一个有机整体。

4. 整形修剪的时间

皂荚树的整形修剪，理论上讲，全年都应该进行，但实际上主要是冬剪和夏剪。冬剪是休眠期的修剪，一般是 12 月至翌年 2 月，夏剪集中在 6 月。冬剪和夏剪方法不同，目的也不同，冬剪主要是向树要形，夏剪是向树要果，要产量，要品质。

### (二)整形修剪的目的

整形修剪目的概括起来，有以下五方面。

1. 改善光照条件

培养理想树形，使树体结构合理，能充分利用空间，增加光合面积；使树骨架牢固，负载量增大，枝组配置合理，通风透光好。光是植物进行光合作用的能量来源，同时又是植物完成生长、发育、开花、结果的必备条件。光照条件指皂荚树接受太阳光的环境条件，如果皂荚树周围有高大的树木或高大的建筑物，或者皂荚树自身叶幕层太厚，不通风透光，都对其生长影响很大。皂荚是喜光植物，必须有充分的光照条件，才能获得丰产。

2. 提早结果

幼树通过合理修剪，促发短枝，并采取各种缓放的修剪方法，促进临时枝及早结果。

3. 提高产量和合理负担

在结果的皂荚树上，通过调节生长与结果的矛盾，按树生长势和水肥管理条件及时调节花量，使皂荚树合理负担，稳产高产。

4. 提高皂荚品质

通过合理安排枝组，调整枝条角度，调节光照，合理控制花叶芽比例和叶果比例，提高皂荚荚果的有效成分。

5. 更新复壮

对老化枝条、枝组，通过修剪及时更新复壮，促发新枝，使皂荚树的枝条和枝组始终保持年轻、高产状态。

## 二、与整形修剪有关的生物学特征特性

要想搞好皂荚树的整形修剪，就必须掌握其有关的特征特性，也就是只有摸透了皂荚树的脾气，才能把它修剪好，剪出来的树才能科学合理。

与皂荚树整形修剪有关的生物学特征特性，主要有以下 8 个。

**（一）芽的异质性**

我们在皂荚树下，可以明显地看到，皂荚树同一个枝条上的芽子大小质量都不一样。基部芽瘪小，中部芽大、饱满，顶端芽虽大，但不充实。由于芽有异质性，我们就要依据修剪目的不同，加以利用。

**（二）皂荚树树势中庸**

多数品种树体虽然比较直立，但就整体而言树势不强，表现比较中庸，很少有狂长的。

**（三）皂荚树萌芽力、成枝力都较强**

常常可以在主干上萌发枝条，易于修剪更新。

**（四）顶端优势明显**

一些大枝后部易光秃。如果我们修剪时留枝过长，则只在剪口下萌发3~5个枝，且有2~3个是中强枝，后部芽子一般都不萌发。表现出顶端优势明显、结果部位外移快、内膛易光秃的特点。

**（五）潜伏芽、不定芽多，寿命长**

实践中我们可以发现，把一株几年甚至几十年的大皂荚树拦腰截断，很快就会长出很多枝条来，这就说明它的潜伏芽、不定芽多，且寿命很长。这一特性告诉我们，皂荚树更新非常容易，修剪时可以在任何位置回缩，不考虑发不了芽的问题。

**（六）幼树枝条生长量大**

在肥水管理不是太好的情况下，幼树上一两米长的枝并不罕见，应该及时摘心，促发二次枝，如果利用恰当，能够快速扩大树冠。肥水管理好的苗圃苗，当年可长到2~3米。

**（七）皂荚各品种花量大，坐果率低**

修剪时要考虑适当多留花。

**（八）不少品种大小年现象明显**

尤其是幼龄树，要千万注意合理负担，在肥水条件差的地方，更要特别注意留果量不能太多，否则第二、第三年产量都很低，或全树无果，甚至整株死亡。

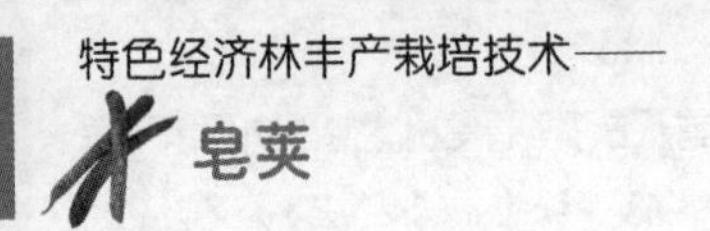

## 三、修剪方法

### （一）短截

顾名思义，就是把枝条截短。又因保留长度不同，分为极重短截、重短截、中短截、轻短截。极重短截指只保留5厘米以下的短截；重短截指保留20厘米以下的短截；中短截是间于中间的中度短截；轻短截指只截去枝条最顶端10~20厘米不充实的秋芽部分，保留绝大多数枝条了。短截是让树发枝的，依据不同目的和空间大小，决定短截长度。

### （二）疏枝

将枝条从基部彻底疏除掉叫疏枝。疏除对象一般是徒长枝、竞争枝、病虫枝、干枯枝、交叉枝、穿膛枝、重叠枝、过密枝等。疏枝时应紧贴枝条基部剪除，不可留桩，以利于剪口愈合，防止再萌生新枝。

### （三）缓放

缓放就是修剪时，对枝条不做任何处理，放着不管就叫缓放。缓放的目的是为了让树尽快形成花芽，早早结果。

### （四）回缩

对多年生枝进行剪截叫回缩。回缩的作用，一是复壮，二是抑制。复壮作用有二：一是局部复壮，如更新结果枝组和多年生长枝；二是全树复壮，主要是衰弱树的更新复壮，以全树一次性全面予以回缩效果为好。

### （五）摘心

摘心就是在当年新梢长到一定长度时，摘去顶尖一部分嫩梢。摘心的目的是控制一年生枝条的延长生长，使后部保留芽子更充实或者逼其当年生出二次枝，快速扩大树冠，提早结果。

注意摘心一定要剪到成熟芽处，一般要剪去20厘米以上嫩梢，切忌过短。如果剪去部分太少了，芽子不成熟，今后只能待最顶一个芽子成熟后，又从该芽处再发单条，不会发出多个枝条，达不到快速扩大树冠的目的。

**（六）拉枝**

把枝条与主干的角度拉大叫拉枝。拉枝的目的是开张角度，使枝条的方位和角度更合理。通过拉枝使树形更好，同时提高通风透光性，增加光照、缓和树势、避免郁密，促进枝和芽早成熟。

**（七）拿枝**

即在皂荚生长季节，对当年枝，用手拿一拿，或者说把枝条用手握一握，目的是开张角度、缓和树势。用力要适中，太轻了，达不到拿枝目的，太重了，容易把枝握坏，适宜的力度是用手握枝，听到有噌噌响声即可，破坏枝条内部组织结构，但是外表不受伤。

**（八）刻芽**

春季发芽前在芽的上方，用刻芽刀刻去树皮，深达木质部，就是刻芽。刻芽是为了逼芽发出枝条，避免枝干光秃，增加果枝和花量。在主干形树形整形修剪中，刻芽是必不可少的。

注意主枝上刻侧芽时，目的是培养侧枝，所以对芽子要进行选择，选方位最好的、饱满的侧芽，不能选背上芽和背下芽。

**（九）去大枝**

对于一些放任树和管理不善的大树，树形很乱，已经发生了互相遮光、内膛郁密的，就必须锯除那些对树形影响大的、影响通风透光的、过密的大枝。

注意去大枝后，伤口要涂抹愈合剂，及时进行保护。

## 四、树形结构及整形过程

皂荚树的整形，要根据栽培目的的不同，选择不同的树形。生产上主要树形有小冠分层形、高干小冠形、主干形、开心形等。

**（一）果用皂荚园宜选用的树形及修剪**

凡是以产皂荚为主要目的的园子，首先宜选用小冠分层形，也可选用主干形、开心形或杯状形等。

1. 小冠分层形

(1)树形结构

图 8-1　小冠分层形

小冠分层形一般干高 80 厘米，上部树冠共分 2～3 层。第一层与第二层层间距 80 厘米；如果有第三层，则第二层与第三层层间距 60 厘米，一、二层层内距一般 15～30 厘米。多年以后，一般是盛果期期间，当顶端枝条老化，要及时落头，去掉第三层，保持树体总高不超过 2.5 米，冠幅不大于 3 米。这样的结构，是为了管理上的方便，让人们站在地上就能完成修剪、打药、采收等各项农活，见图 8-1。

(2)整形过程

① 定干：定干高度 80 厘米左右，春栽的栽后立即定干，秋栽的第二年春定干。

② 第一年冬剪：第一年冬剪时，选顶端中心最强的一枝做中央领导干，同时选留第一层的三大主枝，平分树冠圆周，平面夹角为 120°，中央领导干和主枝开张角度 60°左右，中央领导干和三大主枝都要在饱满芽处短截，目的是确保下一年都能长出强枝、大枝，快速扩大树冠。如果栽植后管理到位，生长旺盛，生长出足够的大枝，那么中央领导干剪留长度应是 1 米左右，三大主枝剪留长度要基本一致，一般剪留 50～70 厘米。

要特别注意，一是树冠要平衡，要照顾到枝条强弱差异，要按三大主枝中最弱一枝来定长度，粗枝强枝略短，细枝弱枝略长。二是选留三大主枝时，其中一枝最好朝南，目的是为了避免第二、三层大枝面南，影响光照。三是幼树修剪原则是轻剪、长放、多留枝，所以在中央领导干和三大主枝剪完之后，剩余枝条只去掉竞争枝、过密枝、重叠枝、病虫枝，多数枝要保留。尽量少去枝，只有枝条

多，树才长得快，才能早结荚、多结荚。四是如果第一层选不够三大主枝或中央领导干剪留长度不够时，只能在饱满芽处修剪，留作下一年处理。

③ 第二年冬剪：第二年冬剪时，将中央领导干延长头剪留 8 厘米，选出第二层2～3 个主枝，主枝剪留长度 40～50 厘米。第二层主枝要插补在第一层主枝的空档处，不能留向南的枝，否则影响光照。

如果第一年 3 个主枝都选出了，而中央领导干生长高度不够，只是在饱满芽处修剪的，那么这一年不选留第二层主枝，只把中央领导干从 80 厘米饱满芽处修剪，补足第一层与第二层的层间距，其上分枝去强留弱，作为输养枝处理，可以把过多的枝疏除。

如果第一年只选出两个主枝，第二年在距第一主枝 30～40 厘米处，可再选第三个主枝，构成第一层。

④ 第三年的冬剪：第三年冬剪，中央领导干剪留高度 60 厘米，第一层与第二层的几个主枝延长头都在 50～60 厘米的饱满芽处短截。第三年冬剪时，就要注意第一层三大主枝上的侧枝选留。

主枝上的分枝叫侧枝。侧枝选留的原则是：分布要均匀，最好是推磨式选留，即在第一主枝上第一个侧枝向左，则三大主枝上第一个侧枝都向左，向右都向右，不能相对，也不能交叉，在同一空间，不能留相对的 2 个侧枝。下一年选留第二个侧枝时，要在第一个侧枝的相反方向。同一主枝上相邻的两个侧枝之间的距离为 40 厘米左右，侧枝剪留长度 30～40 厘米。

⑤ 第四年冬剪：第四年冬剪时，在领导干上选强枝当头，并选出第三层主枝，第三层主枝留 1～2 个，插在下部主枝的空档处，同样不能留向南的枝。

⑥ 第五年冬剪：主要是选好各主枝上的侧枝。

如果土、肥、水条件好，又能科学管理，树势强壮，每年枝条生长量都大，到第五年树体骨架基本可形成，今后的修剪主要是结果枝和结果枝组的修剪与更新。

2. 主干形

(1)树体结构

主干形树形也可叫圆柱形，基部树干高仅仅30~40厘米，其上围绕中央领导干不留大主枝，全部是结果枝组，从地面开始荚果挂满一树。与普通大树不一样，没有明显的树冠。中央领导干高2.5~3.0米，树冠上下部平均冠幅0.8~1.0米。结果枝组螺旋着生，一般20~30个。成形后每年对中心干顶部的枝条去强留弱，让弱枝代头，保持树冠顶部有4%~5%的直立枝。

(2)整形修剪过程

① 定植后第1~4年的修剪。每年都在中心干饱满芽处修剪，使中心干快速长到2.5~3.0米。如果中心干倾斜不直立，要用木杆或竹竿扶正，使其顺直生长，确保通直、强壮。

中心干常常萌发的新枝数量不足，要在光秃处进行刻芽或涂抹调节剂(抽枝宝或发枝素)促发分枝。冬剪时疏除中央干上所发出的强壮新梢，中下部强枝疏除时，极度重短截，留1厘米的短桩，使轮痕瘪芽促发弱枝；主干上保留长度30~80厘米以内的弱枝。每年对1年生的枝条两侧芽，每隔3~5个芽刻一个芽，但背上和背下芽不能刻，即使自然长出的背下和背上枝也要疏除或控制生长。第3~4年，树体总高度达到3米左右，中心干上枝组20~30个时整形基本结束。中心干上结果枝组配备，注意同侧位枝条上下保持25厘米的间距。

主干形树形的修剪方法简单，除中心干前几年每年冬季在饱满芽处短截外，其他枝条均不打头，仅在生长季拉枝就行了；当枝条过粗时，要及时疏除，另培养新枝条，要采用边培养边轮换的方法进行更新。

② 每年都要进行夏季修剪，主要是拉枝。枝条角度按树冠不同部位的要求进行拉枝，每年当新发枝条长度在25~30厘米时，拉开角度，与中心干的夹角为90°~110°。

③ 枝组更新。随着树龄增长，要去除中央干上长度超过1.2米，粗度超过3厘米的过长、过大枝组，使4~6年生的结果枝组逐年轮换，及时疏除中心干上过多的枝条，并及时回缩结果枝组上生长下

垂的过长的结果枝。为了保证枝组更新，去除中下部大枝时应留 1 厘米小桩，促发预备枝条。但去除上部枝不要留桩，防止发出过旺枝来。

3. 开心形

开心形，简单理解就是只有小冠分层形的第一层，树干高 80 厘米，没有其上的中央领导干，一般 3 ~ 4 个主枝，主枝上各配 2 ~ 3 个侧枝，树体总高 2 米左右。此树形 ( 图 8-2 ) 通风透光条件更好，树体更低，更有利于管理。缺点是立体结果的表面积不够，对产量略有影响。

**图 8-2　开心形**

4. 杯状形

杯状形也可以归为开心形，不同的是通常开心形是 3 ~ 4 大主枝，而杯状形主枝多达 5 ~ 8 个。没有中央领导干，树干高 60 ~ 80 厘米，只有一层，一般主枝上不配侧枝，而密生结果枝组，树体总高 2 米左右。

5. 主枝延长头的修剪方法

以上树形除主干形外，其他树形都有主枝。主枝延长头的修剪是剪好树的基础。

首先，主枝延长头要单轴延伸，不能两枝或三枝齐头并进。其次，主枝延长头每年都要在饱满芽处短截，短截后剪口下长出的第一枝叫延长头，第二枝叫竞争枝，角度比较好的第三或第四枝为骨架枝。

翌年修剪时，对延长头还是在饱满芽处短截，让它继续快速延长生长，扩大树冠；对竞争枝要彻底疏除，去掉其竞争态势，以绝后患；对骨架枝要科学利用，只要长势好、角度好，多数选它为侧枝，也要在饱满芽处短截，但要注意剪留长度要和延长头拉开距离，不能平齐，更不能超过，要大大短于延长头，保证多少年始终超不过延长头；对背上枝要彻底疏除，其余弱小枝一般都缓放。

6. 结果枝组的培养与更新

结果枝组培养的方法有两种：一是先截后放；二是先放后截。前者是培养大枝组，后者是培养小枝组。

一般采取中、短截的方法培养枝组，要求多而不密，分布合理。每株树的枝组量，应下层多于上层，外围多于内膛，每个主枝应前后部小枝组多，中部大枝组多，背上一般不留枝组，两侧以大中枝组为主。对于大树上的弱细枝，冬剪时如遇枝条过密应疏除，有空间可不剪或只打头，一般不宜短截。

结果枝，连续结几年果后，就会蜕化衰老，或结果量少或果实变小，就应该及时更新。所谓更新就是去掉老枝，让长出来的新枝结果。应当注意的是每年去枝量掌握在树冠总枝数的1/5到1/3为好，不宜一年剪除量太大(特殊情况例外)。

整形修剪可使树体的各层主枝在主干上分布有序、错落有致、主从关系明确、各占一定空间，形成合理的树冠结构，满足我们的栽培要求。

整形修剪起码要做到主从关系分明，就一株树的整体而言，主枝大小长短要小于中央领导干，侧枝大小长短要小于主枝，结果枝组大小长短要小于侧枝。只要主从关系分明，树形就不乱，否则，树形很乱，就不像内行剪的树。

整形修剪的总原则是，因树修剪，随枝做形，灵活掌握，科学合理。

**(二)产刺品种的整形修剪**

产刺品种一要选团刺多而大的品种。二要选皂刺内药用成分含量高的品种。三是树形要选高干小冠形。

1. 高干小冠形树体结构

干高2.5米，树高3.5米，树冠高1米，冠幅1.5米，树干上密生团刺(图8-3)。

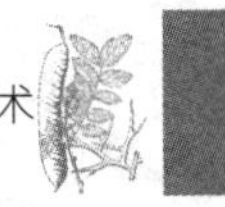

**图 8-3　高干小冠形**

因为团刺主要着生在主干上，留高干是为了给团刺生长留一个充足的空间，也是为了丰产。顶部留小冠，是为了让树上部维持一定的顶端优势，把多余营养向上拉，抑制主干上产生枝条，确保团刺生长。如果没有适当的顶部小冠，树彻底失去了顶端优势，便会浑身长满枝条，把团刺变成了枝刺，经济效益大打折扣。

2. 高干小冠形整形修剪过程

① 定植后第 1~3 年，每年都在主干饱满芽处修剪，并去掉所有的侧枝，使主干独条直长，快速长到 2.5 米。第 4 年以后，顶部留小冠，还是每年要去掉主干上的侧枝。② 顶部树冠修剪。定形后每

年去强留弱，控制树冠不能太大，保持顶部弱枝代头，并保持树冠顶部有4%~5%的直立枝。

**(三)行道树的整形修剪**

行道树品种宜选用'G303''G302'等，干形好、皮色好、无刺的品种。树形宜选用高干中冠形。目的只为美观，经济收益在其次。'G303'一年内皂荚四种颜色，先是绿色，初夏变黄色，仲夏变红色，秋后再由红变黑，有较好的观赏价值。

1. 高干中冠形树体结构

干高3.5~4.0米，树高5.5~6.0米，树冠在苗圃内宜选小冠，定植后树冠高2米，冠幅4米。

2. 高干中冠形整形修剪过程

定植后第1~4年，每年都在主干饱满芽处修剪，去掉所有的侧枝，使主干独条直长，快速长到3.5~4.0米。以后每年只去掉主干上的侧枝即可，上部树冠基本不管，任其生长。

# 第九章

# 皂荚有害生物防治技术

由于皂荚具有巨大的经济价值，近年来皂荚的发展越来越受到管理部门、产业届和科技部门的重视，皂荚相比传统的经济林发展晚，日前各地所记述的病虫害是比较少的，同时具体到一地一园，不可能所有种类病虫害都发生，但是，我们必须高度重视，常常一虫一病也能毁掉一个园子。同时我们应该认识到，皂荚作为豆科植物，根茎叶富含各种昆虫喜食的营养成分，是绝大多数农林害虫的喜食树种，一旦某个生态链被打破，就可能爆发大的虫害。皂荚在我国栽培历史悠久，药用和作为洗涤剂原料的历史也很长，为什么现存的皂荚资源相比其他树种并不多？皂荚的繁殖栽培技术和对土壤环境的要求不算太高，可能的原因就是皂荚在整个生长阶段遭受病虫害多，绝大多数皂荚未能达到预期成熟期，所以整个皂荚树资源保存率很低。

病虫害防治的总原则是突出一个“早”字，病要防在侵染期，虫要治在卵期、幼虫期和成虫扬飞期。

## 一、病害防治

### （一）根腐病

1. 症状

根腐病，是由于根部腐烂，吸收水分和养分的功能逐渐减弱，最后全株死亡。主要表现为生长季节一枝或整株叶片突然萎焉、发黄、枯萎、枯死，枯死枝上的干枯叶片短期内不脱落(图 9-1)。

2. 病原

此病病因复杂，主要由真菌、线虫、细菌引起的。如腐霉(Pythium)、疫霉(Phytophthor)、丝核菌(Rhizoctoni)、镰刀菌(Fusrium)、核盘菌(Sclerotini)等为主要病原物，常由2~3种病菌或2种不同类别的病原物共同引起，病株还易被一些腐生性强的病原物再侵入，加速根部腐烂，造成复合症状。土壤板结，团粒结构差，积水严重时更易发病。

**图9-1　根腐病**

根腐病是土传病害，主要通过土壤内水分、地下昆虫和线虫传播。病菌主要在土壤内或遗留在土壤内的病残组织上越冬。

3. 防治方法

(1)农业措施

破除土壤板结，增加透气性；排水畅通，防止长期积水；多施有机肥，少用化肥；加强综合管理，提高皂荚树的抗病能力。

(2)物理措施

用塑料薄膜覆盖，使地温升至50℃以上，利用高温杀死病菌。

(3)化学防治

主要是用杀菌剂灌根，用50%多菌灵500~600倍液，或硫酸铜200~500倍液，或波美1度石硫合剂，或农抗120水剂200倍液，或喹啉酮300倍液，或哈茨木霉菌根部型1500倍液，或30%甲霜恶霉灵、噁霜嘧铜菌酯灌根。灌根时，每株灌10~15千克药水。早春发现病树后，也可土施美腐克，每株100克撒于树盘下，深锄土壤，与土壤混匀后浇水。病情严重时，树上再用75%百菌清可湿性粉剂500~800倍、或50%退菌特可湿性粉剂800~1000倍液，每7~10天喷一次，连喷3~4次。

**(二)流胶病**

1. 症状

此病虽然在枝条和叶片上也可发生，但主要危害树干和主枝，其中树干最容易发病。发病初期，病部稍肿胀，呈暗褐色，表面潮湿，后期病部凹陷裂开，有黄褐色的黏液渗出，形成淡黄色半透明的柔软胶块，最后变成琥珀状硬质胶块，表面光滑发亮(图9-2)。

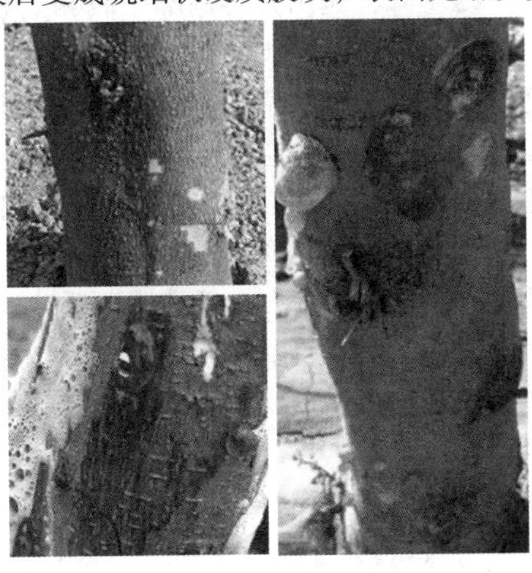

**图9-2　流胶病**

木质部受害时，我们横剖树干，可见到褐色、环形的坏死线。受害的叶片在叶面形成灰褐色、圆形或不规则形病斑，叶片发黄，叶脉透明，呈萎蔫状。皂荚树受害生长势衰弱，严重时部分枝条干枯甚至整株干腐致枯死。

2. 病原

此病病原菌属半知菌亚门。在破裂的树皮下越冬。翌年春季，越冬的病菌在病部产生大量分生孢子，经雨水或随风传播。病菌传到生长较衰弱或有伤口的树干上，从伤口侵入危害。每年 2~4 月是此病流行的季节，流胶病一旦发生，危害性很大。

3. 防治方法

①加强栽培管理，增强树势，提高皂荚树的抗病能力。对病树多施有机肥，适量增施磷、钾肥，中后期控制氮肥。合理修剪，合理负载，协调生长与结果的矛盾，保持健壮的树势。

②消灭越冬菌源：在最冷的 12~1 月进行清园消毒，刮除流胶硬块及其下部的腐烂皮层及木质，集中起来烧毁。

③皂荚发芽前，树体上喷 5 度石硫合剂，或 50% 多菌灵、50% 托布津 1000 倍液，杀灭越冬的病菌。

④涂抹防治：2~4 月，先用刀将病部干胶和老翘皮刮除，再用刀纵横划几道(所画范围要求超出病斑病健交界处，横向 1 厘米，纵向 3 厘米；深度达木质部)，并将胶液刮出，然后使用石硫合剂原液、50% 甲基硫菌灵、25% 吡唑醚菌酯 600~800 倍液、溃腐灵原液或 5 倍液 + 有机硅或铜制剂，80% 代森锌 500~800 倍，1.8% 辛菌胺醋酸盐，每 7 天涂一次，连续 3~4 次。

⑤灌根：对流胶严重、位点多，且处于雨季生长期的病株，在涂抹和刷干的基础上同时采取灌根的办法，具体为：青枯立克 200 倍液，也可用 50% 多菌灵、50% 托布津 100 倍液，灌根 1~2 次，间隔 10 天。

### (三) 立枯病

1. 症状

立枯病是苗圃的主要病害，又称“死苗病”，对育苗影响很大。

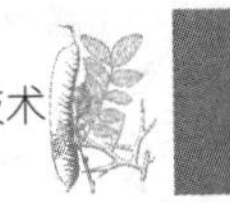


主要危害幼苗茎基部或地下根部，初为椭圆形或不规则暗褐色病斑，病苗早期白天萎蔫，夜间恢复，病部逐渐凹陷、溢缩，有的渐变为黑褐色，当病斑扩大绕茎一周时，最后干枯死亡，但不倒伏。轻病株仅见褐色凹陷病斑而不枯死(图 9-3)。危害范围广，茄科、瓜类、豆科、十字花科等已知有 160 多种植物可被侵染。

**图 9-3　立枯病**

2. *病原*

主要由立枯丝核菌，属半知菌亚门真菌侵染引起。以菌丝体和菌核在土中越冬，可在土中腐生 2～3 年。

3. *防治方法*

①播种前对种子进行药剂拌种处理。

②土壤杀菌剂消毒，加强田间管理。

③发病初期开始施药，施药间隔 7～10 天，视病情连防 2～3 次。药剂选用：30% 甲霜恶霉灵 800 倍液，或 38% 噁霜嘧铜菌酯 1000 倍液、75% 百菌清可湿性粉剂 600 倍液，或 25% 苯醚甲环唑乳油 2500～3000 倍液、井岗噁恶霉灵 1500 倍液，或 20% 甲基立枯必克乳油 1200 倍液进行喷雾。若猝倒病与立枯病混合发生时，可用 72. 2% 霜

霉威水剂800倍液加50%福美双可湿性粉剂800倍液喷淋。

## 二、虫害防治

### (一)皂荚蚜虫

1. 形态特征

蚜虫又称蜜虫、腻虫等，一年繁殖多代，属于同翅目蚜科，为刺吸式口器，常群集于植株嫩梢的叶片、嫩茎、花蕾、顶芽等部位，吸食植物汁液，使叶片皱缩、卷曲、畸形，严重时引起枝叶枯萎甚至整株死亡。蚜虫分泌的蜜露还会诱发煤污病、传播病毒并招来蚂蚁转移危害(图9-4)。

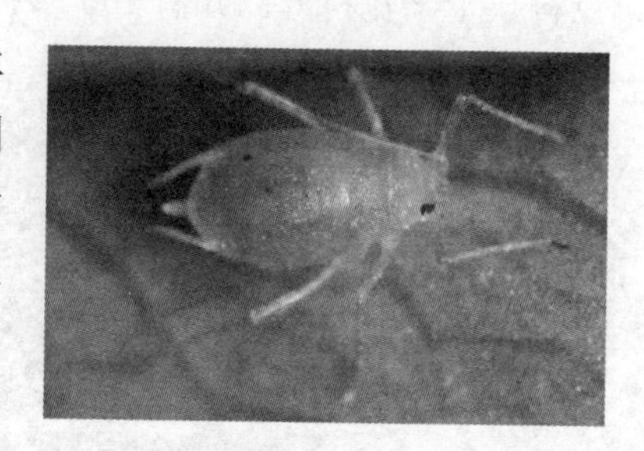

**图9-4　蚜虫**

蚜虫体小而软，大小1毫米左右，无翅雌虫在夏季可孤雌生殖，卵生或胎生，大量产生幼蚜。植株上的蚜虫过密时，或植株环境不适宜时，蚜虫群中，有的就会长出两对大型膜质翅，称有翅蚜，去寻找新的寄主。夏末出现雌蚜虫和雄蚜虫，交配后，雌蚜虫产卵，卵可越冬。

2. 生活习性

每年3月上中旬该虫开始在其他杂草上大量繁殖，4月产生有翅蚜，4~5月在皂荚树上危害最严重，6月初迁飞至杂草丛中生活，8月再迁回皂荚树上危害一段时间后，在杂草的根际等处越冬，部分以卵越冬。

该虫发生与温度的关系。将越冬无翅孤雌若蚜置-14~-12℃后仍能恢复活动。无翅孤雌蚜在日平均气温-2.6℃时，有的个体开始繁殖，至-0.1℃时繁殖个体占21.85%。最适合繁殖温度为19~22℃。低于15℃和高于25℃时繁殖受到一定抑制。温度和降雨是决定该蚜种群数量变动的主要因素。相对湿度在60%~75%时，有利于其繁殖，当达到80%以上时繁殖受阻，蚜群数量下降。一般4~6月因雨水少湿度低，常大量发生，7月雨季来临，因高温高湿发生数量明显下降。暴风天气常致皂荚蚜虫大量死亡。

3. 防治方法

①保护瓢虫，利用天敌防治蚜虫。

②利用蚜虫聚光性，使用黏虫板诱杀。

③化学防治：早春喷石硫合剂，消灭越冬蚜或卵；生长季节蚜虫发生量大时，必须喷药，选用10%吡虫啉可湿性粉剂1000倍液，或甲维·毒死蜱水乳剂，或氯戊·马拉松1000倍液，或5%啶虫脒1000倍液、28%阿维·螺虫乙酯(扑刻除)2000倍液，或25%蚜螨清乳油1500~2000倍液，或20%丁硫克百威1500倍液，或25%的抗蚜威3000倍液连喷3次，间隔时间10~15天。

**(二)皂荚食心虫**

1. 形态特征

皂荚食心虫又名荔枝小卷蛾、荔枝黑褐色卷蛾。成虫体长6.5~7.5毫米，翅展16~23毫米。前翅近顶角处有浓褐色纹，自前缘斜向后缘。雌雄异型：雌蛾前翅黑褐色，臀角处有一个近三角形的黑色斑点，点的周围镶有灰白色狭边；雄蛾前翅黄褐色，后缘有一黑褐色斜条斑。后翅皆灰褐色(图9-5)。

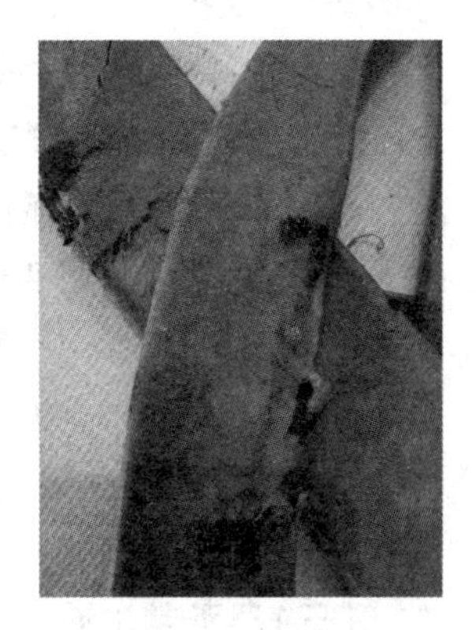

**图9-5 皂荚食心虫**

卵半球形，乳白色，有光泽。幼虫末龄幼虫体长12毫米，头部褐色，体背面粉红色，腹部黄白色，有灰色毛片。蛹体长10毫米左右，深褐色。腹部第2~7节背面前后缘附近各有一横列刺突，近前缘的较粗大。

2. 生活习性

皂荚食心虫主要危害皂荚荚果，也危害嫩梢，是皂荚主要害虫之一。它以老熟幼虫在果荚内或枝干皮缝内结茧越冬。皂荚食心虫主要分布在我国的华北、华南，寄主植物有荔枝、杨桃、合欢、皂荚等。在运城每年发生 3 代，第一代 3 月底破茧而出，4 月上旬化蛹，5 月初成虫开始羽化。成虫昼伏夜出，有趋光性。卵产在叶片或皂荚幼果上。5 月中下旬卵孵化，在叶上孵化的幼虫先为害嫩梢后，很快向幼果转移，在果皮表面稍有凹陷处咬食表皮，2 龄后蛀入果中食害种核，导致果实腐烂或脱落。5 月底 6 月初，能见到蛀孔外有小颗粒状褐色虫粪和丝状物，后期蛀孔附近呈水渍状，果汁溢出。第二代成虫发生在 6 月下旬，第三代成虫发生在 7 月下旬。9 月老熟幼虫钻爬出果外，在树皮裂缝或附近杂草上结茧，也有部分在果内结茧。

3. 防治方法

①利用成虫昼伏夜出，有趋光性的特性，用太阳能杀虫灯杀虫。

②生物防治，有条件的地方，每年在成虫产卵始、盛期，繁放赤眼蜂 2~3 批。

③6 月开始，及时摘除处理被害荚果，消灭幼虫；落叶后至翌春 3 月前，清园，消灭越冬虫茧。

④化学防治：要抓住 5 月初皂荚终花期成虫、卵、1 龄幼虫出现的关键时期用药，用 40% 毒死蜱 1200 倍液，或 10% 吡虫啉可湿性粉剂 2000 倍液、或 3% 高渗苯氧威乳油 3000 倍液，或高氯・甲维盐 1200 倍液，或 10% 功夫 2000 倍液，或 90% 敌百虫 800 倍液，或 15%8817 乳油 2000 倍液，或 10% 灭百可 2000~2500 倍液，或 98% 巴丹可湿性粉剂 1500~2000 倍液等喷洒 1~2 次。

**(三)皂荚幽木虱**

1. 形态特征

(1)成虫

皂荚幽木虱属同翅目木虱科，以刺吸式口器吸食皂荚叶片和嫩枝的汁液，能分泌大量蜡质分泌物。木虱是渐变态的昆虫，个体发育经过卵、若虫和成虫三个时期。成虫体小型，活泼，能跳。头短阔。幼虫体极扁，体表覆被白色蜡质分泌物。雌成虫体长 2.1~2.2

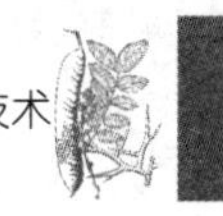

毫米，翅展4.2~4.3毫米；雄虫体长1.6~2.0毫米，翅展3.2~3.3毫米。初羽化时体黄白色，以后渐变黄褐色至黑褐色。复眼大，紫红色，向头侧突出呈椭圆形。单眼褐色。触角10节，各节端部黑色，基部黄色，顶端2根刚毛黄色(图9-6)。

头顶黄褐色，中缝褐色，两侧各有1凹陷褐斑。中胸前盾片有褐斑1对，盾片上有褐斑2对，随着体色加深，花斑逐渐不明显。前翅初透明，后变半透明，外缘、后缘及翅中央出现褐色区，翅脉上有褐斑，翅面上散生褐色小点。后翅透明，缘脉褐色。足腿节发达，黑褐色；胫节黄褐色，端部有4个黑刺；基跗节黄褐色，有2个黑刺，端跗节黑褐色。雌虫腹部末端尖，产卵瓣上密被白色刚毛；雄虫腹末钝圆，交尾器弯向背面。

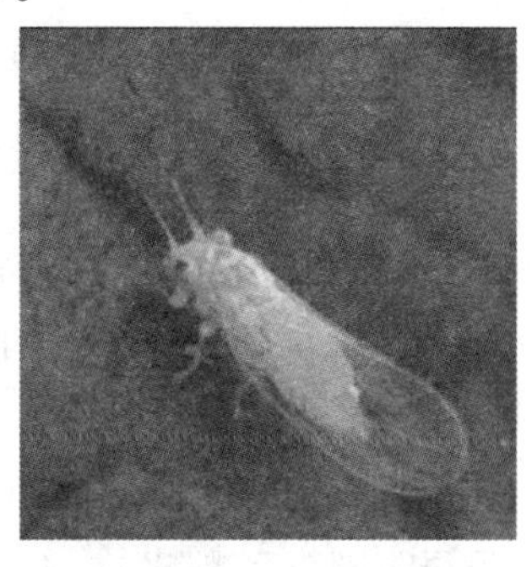

图9-6 皂荚幽木虱

(2)卵

长椭圆形，有短柄，长0.28~0.34毫米，宽0.12~0.19毫米。初产乳白色，一端稍带橘红色，后变紫黑色，孵化前灰白色。

(3)若虫

5龄若虫体长2.10~2.25毫米，体宽0.60~0.62毫米。黄绿色，斑色加深；翅芽大。

2. 生物学特性

皂荚幽木虱主要分布在北京、陕西、山西、贵州、辽宁等地。在运城地区一年发生4代，以成虫越冬。运城地区每年4月上旬开始活动，补充营养半月余，4月中旬开始交尾产卵，卵多产在叶柄的沟槽内及叶脉旁，极少产在叶面上；越冬代成虫产卵于当年生小技的皮缝里，卵排列成串，每雌产卵量387~552粒。卵期19~20天。5月上旬若虫孵化，若虫共5龄，若虫期20~21天。成虫有趋光性和假死性，善跳跃。第一代5月下旬出现，第二代7月上旬出现，第三代8月中旬出现，第四代成虫9月下旬羽化后，不再交尾产卵，以成虫在树干基部皮缝中越冬。

该虫发生受温度、风、降雨影响较大。早春当日平均气温达10℃左右时，成虫才开始活动。大风或暴雨使成虫的死亡率增高，卵粒也易被冲刷，危害则轻；而高温干燥的天气发生则重。若虫期天敌较多，有草蛉、瓢虫、寄生蜂等。

3. 防治方法

①保护草蛉、瓢虫、寄生蜂等利用天敌消灭木虱。

②冬季或早春树干涂白消灭皂荚幽木虱越冬成虫。

③化学防治：皂荚发芽前，树体上喷5波美度石硫合剂；4月上中旬、7月上旬、8月中旬、9月下旬，用氯戊·马拉松1000倍液，或28%阿维·螺虫乙酯(扑刻除)2000倍液，或5%啶虫脒1000倍液，或80%敌敌畏乳油，或高氯·甲维盐1200倍液、10%功夫2000倍液，或90%敌百虫晶体、50%杀螟松乳油1000~1500倍液，防治木虱卵、若虫或成虫。

**(四)皂荚豆象**

皂荚豆象，分布于辽宁、河北、北京、山东、河南、江苏、福建、台湾、广西、贵州、四川、云南、青海、新疆、甘肃、山西和陕西等地。皂荚豆象主要危害皂荚和种子。据记载，此虫还危害槐、谷及豆类种子等。

1. 形态特征

(1)成虫

体长4.5~6.5毫米，宽2.5~3.8毫米，略呈卵形。头部、前胸背板、鞘翅、触角第5至第11节、前足及中足(腿节除外)、胸、腹部(各腹板后缘除外)均黑色，其余黄赤褐色。头部着生灰白色毛。

触角短锯齿状，前胸背板略隆起，后端宽，两端向前缩窄，密生淡褐色毛。中央有1个近三角形的白毛斑，其两侧有明显隆线。小盾片纵长矩形，后缘凹入，着生白毛。鞘翅在小盾片后方沿内缘两侧各有纵长白毛斑，毛斑两侧及后方全部密生淡黄色或杂生白色

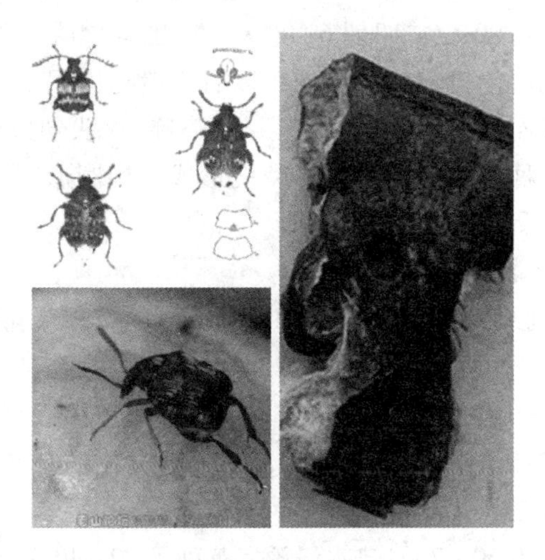

图 9-7　皂荚豆象

和淡黄褐色毛；鞘翅基部、中部、端部各有 1 个杂生白色和黑色的横带状毛斑，自侧缘几伸达内缘；第三至第五纵沟纹基端有明显瘤突。臀板大，三角形，雌虫比雄虫大，雄性臀板末端圆形，雌性臀板末端较尖(图 9-7)。

(2)卵

初产时淡黄色，长 0.9～1.5 毫米，宽 0.3～0.5 毫米，长椭圆形。

(3)幼虫

初孵幼虫体白色，被长毛。老熟幼虫体长约 7 毫米，宽约 3.5 毫米，头部红褐色，体乳黄色，短肥而多皱纹，弯曲成马蹄形。

(4)蛹

老熟幼虫在皂荚豆内化蛹，蛹乳黄色，长约 5 毫米。

2. 生物学特性

该虫成虫爬行能力、飞行能力都较强。在山西省一年一代，多数以成虫越冬，少数以蛹或幼虫在荚果种子内越冬。翌年 4 月中旬咬破种子钻出。7 月下旬至 8 月上旬成虫出现，产卵于荚果上，1 头雌虫产卵100~200粒，卵期6~8天，幼虫孵化后一天内钻入荚果内，洞口可见白色粉末状虫粪便，以后排泄物堆积于种子内，幼虫随着种子发育而长大，此时种皮无被害痕迹。1头幼虫只危害1粒种子，食掉整粒种子的1/3~1/2，使之形成长椭圆形凹坑，有的将种仁全部吃光只剩下种皮。

3. 防治方法

①种子采收后，用0.5%~1.0%食盐水漂选，剔除带虫种子并消灭其中害虫。种子入库前，用25%敌百虫粉剂拌种，种子与药剂的质量比为400:1，拌种均匀后装袋库存。也可入库后用药剂熏蒸，常温下每麻袋种子用磷化铝片剂1.5克，密闭6天。杀虫效果良好，对种子发芽率无不良影响。

②播种前用50~70℃热水浸烫皂荚种子10~40分钟。

③生产季节防治：抓住7月下旬至8月上旬成虫出现期和卵期，树上喷20%氯虫·苯甲酰胺（福奇）悬浮剂2000倍液，或灭多威40%可溶粉剂2000倍液，或80%敌敌畏乳油，或高氯·甲维盐1200倍液、10%功夫2000倍液，或90%敌百虫晶体，或40%毒死蜱1200倍液，或10%吡虫啉可湿性粉剂2000倍液，或50%杀螟松乳油500倍液。

**（五）天牛**

天牛是鞘翅目叶甲总科天牛科昆虫的总称，善于在天空中飞翔，咀嚼式口器，幼虫蛀食树干和树枝，影响树木的生长发育，使树势衰弱，导致病菌侵入，也易被风折断，受害严重时，整株死亡(图9-8)。

天牛的种类很多，我国已知的就有3500种，分布广泛，危害普遍，几乎每一种树木，都受不同种类的天牛所侵害。天牛中数量最多、最常见的是光肩星天牛、桑天牛、云斑白条天牛等。天牛最喜欢榆树、柳树、桑树、杨树等，皂荚树也会受到天牛危害。

1. 形态特征

天牛的体形大小各不相同，大多数天牛是大型或中型的种类，体长在15~50毫米之间，一般身体呈长圆筒形，背部略扁，触角特

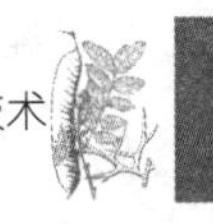

图9-8　天牛

长，常常超过身体的长度。

2. 生活习性

多数天牛为一年发生一代，也有三年二代或两年一代的。天牛一般以幼虫或成虫在树干内越冬，成虫羽化后，有的需进行补充营养，取食花粉、嫩枝、嫩叶、树皮、果实、菌类等。成虫寿命一般10余天至1~2个月，但在蛹室内越冬的成虫可达7~8个月，雄虫寿命比雌虫短。雌成虫产卵方式与口器形式有关，一般前口式的成虫产卵时将卵直接产入粗糙树皮或裂缝中；下口式的成虫先在树干上咬成刻槽，然后将卵产在刻槽内。当卵孵化后，初龄幼虫即蛀入树干，最初在树皮下取食，待龄期增大后，即钻入木质部危害，有的种类仅停留在树皮下生活，不蛀入木质部。幼虫在树干或枝条上蛀食，在一定距离内向树皮上开口作为通气孔，向外推出排泄物和木屑。幼虫老熟后即筑成较宽的蛹室，两端以纤维和木屑堵塞，而在其中化蛹，蛹期10~20天。

3. 防治方法

(1)生物防治

保护和招引天敌，天牛有许多捕食天敌，如啄木鸟、壁虎、喜鹊等，还有寄生天敌肿腿蜂、寄生线虫等，应加以保护利用。

(2)人工捕杀

直接捕杀一般在5~7月天牛成虫盛发期，经常在树上检查停息的成虫，或低飞于林间的成虫，及时捕杀。有的成虫有假死性，剧烈振摇树枝，成虫跌落而捕杀。

(3)诱杀

有的天牛(红颈天牛)成虫对糖醋有趋性，用糖 2 份，醋 1 份，或糖∶醋∶酒为 1∶0.5∶1.5，敌百虫(或其他杀虫剂)0.3 份，水 8~10 份配成诱杀液，装盆罐瓶中，挂在离地 1 米高处诱杀。

(4)化学防治

①喷药：在成虫出孔盛期，喷 2.5% 溴氰菊酯(敌杀死)、2.5% 三氟氯氰菊酯(功夫)、5% 高氰戊菊酯(来福灵)、5% 高效氯氰菊酯(高效灭百可)、20% 氰戊菊酯(速灭杀丁)、20% 甲氰菊酯(灭扫利)1000~2000 倍液，或 90% 敌百虫晶体、80% 敌敌畏、40% 氧乐果、48% 乐斯本(毒死蜱)800~1000 倍液，或 10% 吡虫啉 3000 倍液，每隔 5~7 天喷树干一次，每次喷透使药液沿树干流到根部。

②树干涂药泥：在产卵和幼虫孵化盛期，于产卵刻槽和幼虫危害处涂药泥，将上述药剂加柴油或煤油，再拌和适量黏土调成药泥，或将上述药液喷于编织袋、麻袋片上，再包扎树干，最外用塑料布包扎好。

③ 滴注药液：清明节和秋分节前后检查树体，发现有新鲜虫粪处，用铁丝掏净洞孔内的木屑、虫粪后，用注射器(不带针头)注入药液。常用药剂有 80% 敌敌畏乳油 20 倍液，或 40% 乐果乳油 10 倍液，或注 20% 氨水或汽油，每蛀道 10~20 毫升，滴注完后封塞洞孔。

④插毒扦：幼虫危害期，找到新排粪的蛀虫孔，如有多个排粪孔，应选最后 1 个孔，先挖去粪屑，将毒扦插入蛀道内，随即用湿黏土或湿黄泥将孔口封严。

a. 磷化锌毒签，是利用磷化锌与草酸反应生成磷化氢毒气，杀死蛀孔内天牛。自制毒签：用竹、木签长 6~8 厘米，直径 1~3 厘米。将合成胶 25 份，加水 30 份，在沸水锅加热熬 15 分钟，搅拌成糊状，加磷化锌 15 份，拌匀再热熬约 3 分钟即可。竹木签头先蘸磷

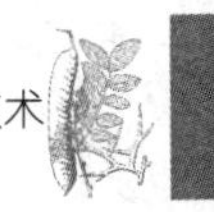

化锌药胶，待干后(夏秋季约经1昼夜)，再在药头上蘸草酸胶，做成药头长3~5厘米的毒签，晾干(不能太阳直晒)1~2天，装塑料袋密封备用。防治光肩星天牛、黄斑星天牛、星天牛、青杨天牛等，只有1个或少数排粪孔的天牛效果较好。视虫孔大小插入1~2支毒签，将露在外面无药部分折断，紧密插入空隙中，封口以免气体外逸。防治排粪孔多的桑天牛，先沿幼虫蛀食方向找到最新的1个排粪孔，将该孔前面的1孔用小枝塞满，以免幼虫转移和毒气泄露，再将毒签插入最新的孔内。在整个幼虫危害期塞毒签2~3次。云斑天牛蛀道不规则，裂口较多，不宜用该方法。如阴雨天湿度大，操作时毒签易受潮而减效，不宜进行。若毒签黏结在一起，说明已受潮，毒气已部分散发，使用时要增加药量。

b. 塞56%磷化铝片剂。磷化铝吸水放出剧毒磷化氢气体，对蛀道内天牛有强烈熏蒸作用，片剂每片3克，视蛀孔大小深浅，每孔用镊子塞入1/10片。防治连片虫孔，修理树干表面老皮和突起，使其平滑，用农用薄膜包好，内放药片每平方米2~3片，然后扎紧薄膜。如在树干基部，薄膜下端压入土中，防气体外逸。因磷化铝对人畜高毒，要密切注意安全，严格密封，减少药损失。

c. 塞卫生球(樟脑丸)。在虫道内塞入黄豆大小的小块，或将卫生球樟脑丸碾碎塞入虫孔，每孔用量1/5~1/4粒。也可塞半夏(新鲜茎叶先捣碎)、芫花或百部干茎叶(中药店有售)。也可将樟脑丸溶入酒精、汽油或柴油中，用脱脂棉蘸后塞入虫孔中，或注射0.3~1毫升/孔，再用黏土封上孔口。

### (六)介壳虫

介壳虫是一大类害虫，常见的有龟蜡蚧、桑白蚧、草履蚧、朝鲜球坚蚧等多种(图9-9)。多数介壳虫为多食性，可取食多种植物，很不容易根治。越冬时在枝条上，生长季节以若虫和成虫在植物的叶片上刺吸危害，尤其是叶正面为多，枝条上少，受害叶片呈黄褐色斑点，严重时介壳布满叶片，叶卷缩，造成早期落叶，叶片黄萎，并能诱发煤污病，受害树长势极弱甚至枯死。

图 9-9 介壳虫

1. 习性

(1)龟蜡蚧

一年发生一代，多以受精雌虫在 1～2 年生枝上越冬。翌春寄主发芽时开始为害，虫体迅速膨大，成熟后产卵于腹下。产卵盛期：运城 6 月上旬。每雌虫产卵千余粒，多者 3000 粒。卵期 10～24 天。初孵若虫多爬到嫩枝、叶柄、叶面上固着取食，8 月初雌雄开始性分化，8 月中旬至 9 月为化蛹期，蛹期 8～20 天，羽化期为 8 月下旬至 10 月上旬，雄成虫寿命 1～5 天，交配后即死亡，雌虫陆续由叶转到枝上固着危害，至秋后越冬，也可行孤雌生殖，防治关键时期是 6 月上中旬。

(2)桑白蚧

一年发生多代，主要以受精雌虫在寄主上越冬。春天，越冬雌虫开始吸食树液，虫体迅速膨大，体内卵粒逐渐形成，遂产卵在介

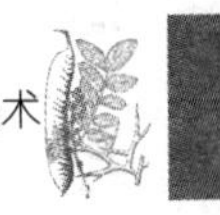

壳内，每雌产卵 50～120 余粒。卵期 10 天左右（夏秋季节卵期 4～7 天）。若虫孵出后从介壳底下各自爬向合适的处所，以口针插入树皮组织吸食汁液后就固定不再移动，经 5～7 天开始分泌出白色蜡粉覆盖于体上。雌若虫期 2 龄，第二次脱皮后变为雌成虫。雄若虫期也为 2 龄，脱第二次皮后变为"前蛹"，再经脱皮为“蛹”，最后羽化为具翅的雄成虫。但雄成虫寿命仅 1 天左右，交尾后不久就死亡。防治关键时期是 4 月下旬至 5 月上中旬。

（3）草履蚧

一年发生一代。以卵在土中越夏和越冬；翌年 1 月下旬至 2 月上旬，在土中开始孵化，能抵御低温，在大寒前后的堆雪下也能孵化，但若虫活动迟钝，在地下要停留数日，温度高，停留时间短，天气晴暖，出土个体明显增多。孵化期要延续 1 个多月。若虫出土后沿树干向上爬至梢部，在初展新叶或叶腋处刺吸危害。雄性若虫 4 月下旬化蛹，5 月上旬羽化为雄成虫，羽化期较整齐，前后一星期左右，羽化后即觅偶交配，寿命 2～3 天。雌性若虫 3 次蜕皮后即变为雌成虫，自枝杆顶部向下爬，经交配后潜入土中产卵，卵有白色蜡丝包裹成卵囊，每囊有卵 100 多粒。草履蚧若虫、成虫的虫口密度高时，往往群体迁移，爬满附近墙面和地面，令人厌恶。防治关键时期是 5 月上旬和早春，早春树干基部涂药，阻止上树，严重时树上喷药。

（4）圆盾蚧

雌成介壳为圆形，较坚硬，淡黄或淡橙黄色，直径约 2 毫米，雄成虫介壳为椭圆形，较小，长 0.8～1 毫米，翅展 2 毫米左右，前翅发达透明，后翅特化为平衡棒，性刺色淡。卵长卵形，长 0.2 毫米淡橙黄色。长约 0.2 毫米，产于介壳下，母体后方。蛹：褐黄色，椭圆形，长约 0.8 毫米。运城地区一年三代，以雌成虫越冬。3 月下旬开始活动，5 月上中旬越冬代雄成虫羽化，7～10 月世代重叠。每雌卵量 80～145 粒。若虫孵化后，分散活动，再找到合适场所，即固定取食危害。防治关键时期是 5 月上中旬。

2. 防治方法

(1)物理防治

加强管理，合理整枝，通风透光，可减轻危害。虫口密度小时，可人工剪除虫枝，摘除虫叶等，然后集中烧毁。

(2)生物防治

注意保护天敌昆虫，整胸寡节瓢虫、红点唇瓢虫、黑缘红瓢虫、草蛉、黄金蚜小蜂、斑点蚜小蜂和双蒂巨角跳小蜂等都是介壳虫的天敌。

(3)化学防治

防治介壳虫关键是掌握在成虫羽化期、孵化盛期和低龄若虫期喷药，因此时介壳体蜡质尚未形成，喷药防治效果好。

一是发芽前全园喷打 5 波美度石硫合剂，或喷 25% 喹硫磷乳油 1000 倍液，或 20% 稻虱净乳油 1500～2000 倍液，杀灭越冬介体。

二是在各介壳虫防治的关键时期打药，喷洒 95% 蚧螨灵乳剂 400 倍液，或 20% 速克灭乳油 1000 倍液，或 30% 噻嗪·毒死蜱 1200 倍液、氰戊·马拉松 1000 倍液，或 2% 机油乳剂 400 倍液，或 40% 氧化乐果 3000 倍液，或螨蚧灵机油乳剂 250～300 倍液，或 2.5% 功夫乳油 4000～5000 倍液、20% 灭扫利乳油 4000～5000 倍液。在喷洒上述药剂时，加入 0.2%～0.5% 的洗衣粉效果更好。每隔 10 天喷一次，连续喷 2～3 次。

**(七)日本双棘长蠹**

俗称切干虫。危害柿树、槐树、皂荚、栎树、榆树、栾树、紫荆等，该虫主要特点是环绕枝干韧皮部取食危害，造成大风一刮，枝条就断，所以群众叫它切干虫(图 9-10)。

1. 发生规律

运城地区一年发生一代，跨两个年头。以成虫在枝干韧皮部越冬。翌年 3 月中下旬开始从皂荚刺、枝杈处等部位入侵取食危害，4 月下旬成虫飞出交尾。将卵产在枝干韧皮部坑道内，每坑道产卵百余粒不等，卵期 5 天左右，孵化很不整齐。5～6 月为幼虫危害期，

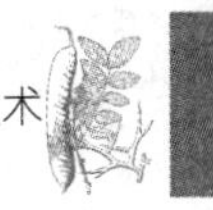

以3～5龄幼虫食量最大。5月下旬有的幼虫开始化蛹，蛹期6天。6月上旬可始见成虫，成虫在原虫道串食危害，并不外出迁移危害。在6月下旬至8月上旬成虫才外出活动，8月中下旬又进入蛀道内危害。10月下旬至11月初，成虫又转移到1～3厘米直径的新枝条上危害，常从枝杈表皮粗糙处蛀入做环形蛀道，然后在其虫道内越冬。在秋冬季节大风来时，被害新枝从环形蛀道处被风刮断，影响树木生长。

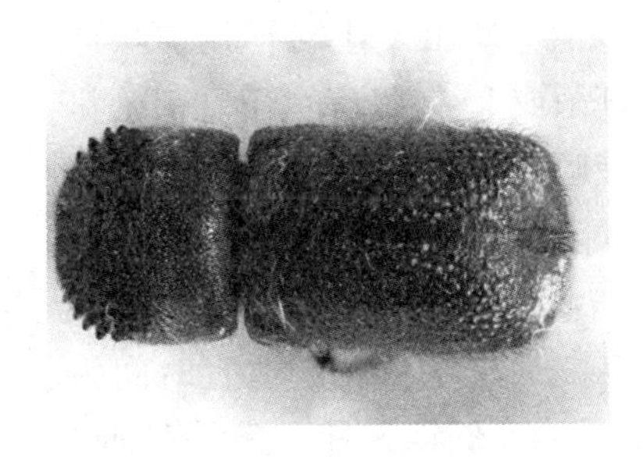

**图9-10 日本双棘长蠹**

2. 防治方法

①生物防治。设置人工鸟巢，招引益鸟灭虫。

②利用成虫的聚光性，使用黑光灯扑杀。

③药剂防治。3～4月成虫外出交配期及6～8月成虫外出活动时，喷施20%速灭杀丁3000倍液，或50%马拉硫磷乳油600～800倍液，或20%氯虫·苯甲酰胺(福奇)悬浮剂2000倍液等。因成虫外出不整齐，要选用药效长的药剂。

**(八)尺蠖**

尺蠖，又名步曲、吊死鬼(图9-11)。

1. 发生规律

一年发生三至四代，第一代幼虫始见于5月上旬，各代幼虫危害盛期分别为5月下旬、7月中旬及8月下旬至9月上旬。以蛹在树木周围松土中越冬，幼虫蚕食树木叶片，使叶片造成缺刻，严重时，整株叶片几乎全被吃光。

2. 防治方法

(1)生物防治

① 胡蜂：又名马蜂，在繁殖时常捕食尺蠖。

② 大草蛉：草蛉将卵产在尺蠖身上。大草蛉成虫抗药性很差，化学防治要尽量避免5~6月成虫期用药。

③ 螳螂：捕食尺蠖。

④ 生物制剂防治：幼虫发生时使用100亿孢子/克的苏云金杆菌或1~2亿青虫菌乳剂菌粉对水稀释2000倍液喷雾。气温30℃以上效果最好，与敌百虫、菊酯类农药混用效果好。

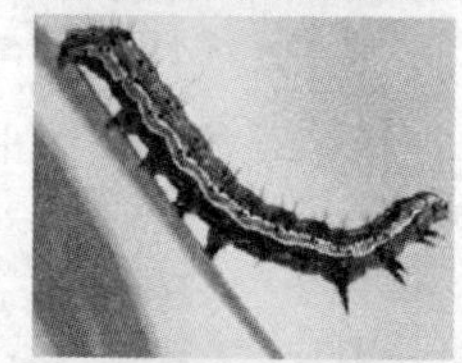
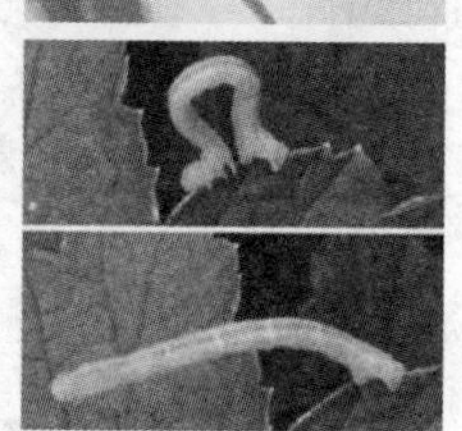

图9-11　尺蠖

(2)物理机械防治

① 挖蛹：重点消灭越冬虫蛹。适宜时间为当年的10月至11月初或翌年3月。挖蛹范围重点是树冠垂直投影面积内东南，深度5厘米。

② 扑杀幼虫：4月底至9月幼虫发生期，幼虫受惊吓有吐丝下垂的习性，可采取突然振动树体或喷水等方式，使害虫受惊吓，吐丝下坠时扑杀。

③ 利用黑光灯诱杀成虫：成虫羽化后，白天潜伏在墙壁或灌木丛中，夜晚出来活动，有明显的趋光性。在无风、无月、闷热天气，20:00~21:00用20~30瓦的黑光灯，灯距地面1.0~1.5米为宜，灯下5厘米处放水盆，水盆内放入肥皂水，害虫扑灯后落入水中。无黑光灯时用白炽灯代替。

(3)化学防治

低龄幼虫防治是关键。3龄前使用50%灭幼脲3号胶悬剂1000~2500倍液，或80%敌敌畏乳油800~1000倍液，或50%杀螟松乳油1000~1500倍液，或25%溴氰菊酯乳油2000~3000倍液，或10%的氯氰菊酯乳油1500~2000倍液，或20%灭扫利乳油4000倍液，或90%敌百虫晶体800~2000倍液，或30%增效氰戊菊酯6000~

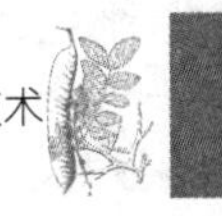

8000 倍液，或 25% 西维因可湿性粉剂 300～500 倍液等。5 月、7 月 2 次用药，此虫很容易得到控制。

### (九)绿芫菁

1. 形态特征

成虫体长 11.5～21 毫米，宽 3～6 毫米，虫体为绿色或蓝绿色，具紫色的金属光泽，个别鞘翅上具铜色或金绿色(图 9-12)。

图 9-12　绿芫菁

头略呈三角形，蓝紫色，复眼小，微突出，前额复眼间具 3 个凹陷横裂，额前部中央具 1 橘红色斑纹。触角 11 节，约是体长的 1/3，5～10 节膨大且呈念珠状，末端渐尖。鞘翅两侧平行，翅面具 3 条不明显纵脊，具皱状刻点构造。体背光亮无毛，前胸背板光滑，并有小刻点及刻纹。足细长，雄虫前足，中足第一跗节基部较细，腹面凹入，端部膨大，呈马蹄形。雄性中足腿节基部腹面各有 1 根尖齿，可区别于雌性。

2. 生物学特性

绿芫菁一年可发生多代，由于气温变化的原因，华北地区一年只可发生一代，在山西临汾地区一年发生一代，人工饲养可达 3～4 代。

绿芫菁为复变态昆虫，即在一生中由幼虫到化蛹在形态上有多次复杂的变化，其经过如下：① 自卵中孵化来的 1 龄幼虫，为衣鱼型，行动非常活泼，也称为“三爪蚴”，在土中寻找喜欢食物，如地下蝗虫卵块、蜂巢等。② 蜕去第一次皮后变为 2 龄，营寄生生活称为步甲幼虫型。③ 当蜕去第二、三、四次皮后，即到达 3、4、5 龄时，称为一期蛴螬型。④ 越冬前蜕去第五次皮后，身体表皮变厚，色深，为静止状态的过冬阶段，称为假蛹。⑤ 翌年夏天，蜕去第六次皮又变成二期蛴螬型。⑥ 时隔不久后，蜕去幼虫期的最后一次皮，变为真蛹，再蜕皮即变为成虫。

绿芫菁成虫多在 7~8 月开始羽化，7 月末至 8 月初为羽化盛期。成虫主要以豆科植物的花为食，喜群栖，常于白天活动，迁飞力弱。幼虫主要取食蝗虫卵。羽化后 3~10 天交尾，交尾后 5~10 天产卵。一般产卵 40~240 粒，产于湿润微酸性土壤中。

3. 预防措施

绿芫菁从森林保护学科整体分析来看，是一种益虫，幼虫是蝗虫卵期天敌，也是中药斑蝥素的重要原料来源。但绿芫菁对于嫁接期的皂荚芽危害严重，应该采取悬挂趋避剂如樟脑丸等预防，不应该喷药化学防治。由于许多皂荚生产者强调绿芫菁的有害性，此处特别列出，希望能够正本溯源。

## 三、兔害

野兔属哺乳纲啮齿目动物，广泛分布于全省各地，尤其在吕梁山和太行山黄土覆盖区分布数量较多(图 9-13)。野兔以草本植物为食，但是在冬季和早春季节食物匮乏期啃食新栽 5 年内的幼树树皮、树叶、嫩梢和枝秆。特别是啃食树皮，破坏树木输导组织，导致树木死亡。1998 年，山西省开始实行退耕还林工程，新造人工林中，由于野兔连年危害，造成苗木死亡率平均在 50% 以上，个别地块苗木死亡率高达 100%，受害严重的树种有刺槐、皂荚、侧柏、油松、山桃、山杏、枣、梨等，皂荚属于野兔最喜食的树种。

### (一)野兔种类及危害

野兔又名蒙古草兔，在山西省造成危害的是蒙古草兔榆林亚种。在冬季和早春，食物缺乏时，啃食皂荚、刺槐、山桃、山杏、梨等。

**图 9-13　兔害**

幼树靠近地面的树干，牙齿十分锐利，危害形状为长条形，伤口边缘平滑，犹如小刀削了一样，长度在 1～7 厘米不等，宽度 1 厘米左右；取食侧柏、油松的叶子、枝干及嫩梢，最后只剩 3～5 厘米光秃秃的干枝。调查中发现其尤喜食皂荚的树皮。

**(二)野兔生活习性**

随着我国林业六大工程启动，我国林业事业的迅猛发展，幼林面积的快速增加，特别是通过封山育林等措施，山上植被恢复较快，生态环境得到大幅度改善，使得野兔、山鸡繁殖量大，数量迅速增加。但随之而来的是野兔的危害面积也不断增加，特别是对新植 1～3 年幼林及 7 年以下幼苗的危害相当严重，造成补植面积较大，严重影响了造林绿化进程。为了防止野兔的危害，平安县采取多种综合防治措施，取得很好效果。在树干刷药、刷防啃剂、喷洒动物血及有腥味物质释放气味，只能起到驱避山兔的作用。发动群众以捕兔笼、捕兔夹、捕兔网、钢丝索套和绳套等物理器械捕捉野兔，这是目前最有效、最经济的办法。在条件好的地方，有针对性地引进、培养和保护野兔的天敌，如猫头鹰、狐狸、黄兔狼等，依靠自然的力量形成自然界合理的食物链，维护自然界生态平衡，这是治本之策。掌握野兔的生活习性和啃咬树的规律，做好对野兔防治的预测、预报，是提高防治成效的科学保证。

内蒙古、东北、华北、华南等地区的野兔，喜欢生活在有水源的混交林内，农田附近的荒山坡、灌木丛中以及草原地区、沙土荒漠区等。河北省北部地区，尤喜栖于多刺的洋槐幼林，生满杨、柳幼林的河流两岸和农田附近的山麓。具备以下三个条件的地带，野兔数量多，否则就少。这三个条件是：① 具备藏身的环境，如灌木林、多刺的洋槐幼林、生有小树的荒滩等。② 既能瞭望敌害，又不太影响奔逃的地带。茂密的高草地区和高山陡坡，野兔数量很少，高草妨碍它的瞭望和奔逃，陡坡不利于它的活动。坡度比较平缓的灌木林，具备了山草不茂的生存条件，一遇敌害，有利于潜匿和逃跑，却不利于敌害追袭，所以洋槐幼林里的野兔很多。③ 必须是有食物和附近有水源的地区。野兔的食物虽易解决，但豆类农田和萝卜、白菜的菜地附近的荒坡，野兔常常很多。水对野兔的影响也很大，尤其在春天和晚秋的枯水季节更甚；哺乳期的母兔，每天也需要饮用大量的水。缺水地区野兔很少，没有狩猎意义。

野兔只有相对固定的栖地。除育仔期有固定的巢穴外，平时过着流浪生活，但游荡的范围一定，不轻易离开所栖息生活的地区。春、夏季节，在茂密的幼林和灌木丛中生活，秋、冬季节，百草凋零，野兔的匿伏处往往是一丛草、一片土疙瘩，或其他认为合适的地方，草兔用前爪挖成浅浅的小穴藏身。这种小穴，长约 30 厘米，宽约 20 厘米，前端浅平，越往后越深，最后端深约 10 厘米，以簸箕状，河北省的猎人把这种野兔藏身的小坑叫“埯子”。野兔匿伏其中，只将身体下半部藏住，脊背比地平稍高或一致，凭保护色的作用而隐形。受惊逃走或觅食离去，再藏时再挖，有叫声时也利用旧“埯”藏身。

野兔生性机警，听觉和视觉灵敏，逃跑迅速，隐蔽严密，生殖力强，敌害虽多，但兔的家族仍十分昌盛。野兔昼伏夜出，喜欢走已经走过多次的固定兽径。从黄昏开始，整夜活动，有时破晓尚未匿伏起来。春天发情追逐期，白昼天色阴暗或蒙蒙细雨、路断人稀时，也出来活动。平时白天只有受到惊扰，才从匿伏处突然逃去，马上又在它认为安全隐蔽的地方挖“埯”匿伏。

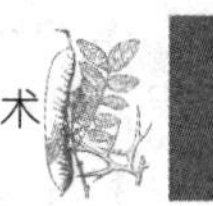

野兔的食性复杂，随栖地环境而定，啃食杂草、树苗、嫩枝、嫩叶、树皮及各种农作物等。一般喜食嫩草、野菜和某些乔灌木的叶。冬吃草根，啃食枝条和幼树的树皮，也吃地衣，在数量多的时候，常给林业造成灾害。在农田附近生活的草兔，盗食白薯、蔬菜，啃食果树，尤喜食萝卜，春天刚出土的豆苗被它们成片的啃食，危害尤剧。

野兔的生殖：每年三胎或四胎，早春二月即有怀胎的母兔。孕期一个半月左右，年初月份每胎2~3 只，四五月每胎4~5 只，六七月每胎5~7 只，月份增加，天气转暖，食料丰富，产仔数也增加。春夏如果是干旱季节，幼仔成活率高，秋后野兔的数量巨增；如果雨季来的早，幼兔因潮湿死于疫病的多，秋后数量就不那么多。一般来说，除去各种原因的死亡，一只母兔一年平均可增殖 6~9 只幼兔。

野兔自己不打藏身的地洞，它们露天生活，依靠比较厚的皮毛抗寒。野兔的后肢发达强壮，靠奔跑速度来逃避天敌的追击。野兔的眼睛长在头部两侧，视角可达 90°，但两眼的视角不能重叠，因此没有立体感，不能准确判断距离，往往顾了后头而忘了前头，被追急的时候，会撞在前方的障碍物上。

**(三)防治办法**

1. 生态控制

(1)改进造林整地方式

造林整地改变土壤结构，破坏了原有地被植物，使得野兔的取食目标更加明确，对林木造成的危害也相对较大。因此，在有野兔危害的地区，应将全面整地改为穴状整地或带状整地，尽量减少对原有植被的破坏。同时，可利用野兔一般不下坑危害的特性，采取挖鱼鳞坑的方式(深 30~50 厘米)进行预防。

(2)优化林分和树种结构

造林设计要因地制宜、适地适树，立足发展乡土树种，营造针阔、乔灌混交林，优化林分结构和树种结构，并合理密植，促其早

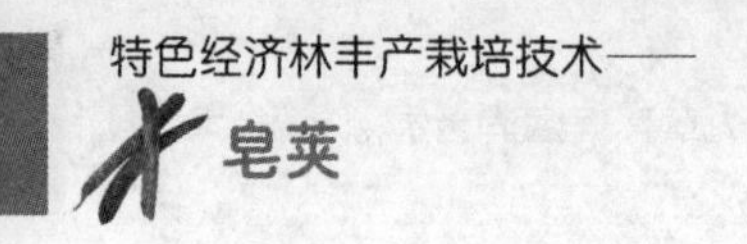


日郁闭成林，这是预防兔害的有效途径。同时，适当加植野兔厌食树种。有条件的地方，应尽量选择苗龄较大或木质化程度较高的苗木造林。

(3)种植替代性植物

对因食物短缺而引起的林地兔害，可以采取食物替代的方式转移野兔对树木的危害。例如，在种植冬小麦等农作物地区，可在林地条播5%~10%的农作物(如苜蓿等)；在较寒冷地区，可种植耐寒牧草或草坪草。通过有选择地种植野兔喜食植物，为其过冬提供应急食品，可以有效地预防野兔对林木的危害，保护目的树种。

2. 生物防治

林区野兔天敌很多，包括猛禽(鹰、隼、雕)、猫科(狸、豹猫)及犬科(狐狸)等动物，应采用有力措施加以保护，即通过森林生态环境中的食物链作用，控制野兔数量。

(1)禁猎天敌，加大监护力度

严禁乱捕滥杀野兔天敌，提高天敌种群数量，降低野兔密度，从而达到持续控制森林兔害的目的。

(2)招引天敌，增加种群数量

在造林整地时有计划的保留天敌栖息地，并积极进行天敌人工招引；灌木林或荒漠林区可垒砌土堆、石头堆或制作水泥架，森林内可放置栖息架、招引杆或在林缘及林中空地保留较大的阔叶树，为天敌停落提供条件。招引时，如定期挂放家禽畜的内脏等作为诱饵，效果更好。

(3)繁殖驯化，释放食兔天敌

人工饲养繁殖鹰、狐狸等动物，并进行捕食和野化训练，必要时在有野兔危害的地区进行捕猎，也可迁移野兔天敌以控制其种群密度。

3. 保护驱避

(1)培土埋苗

在越冬前，对1~2年生新植苗木可采取高培土保护措施，即通

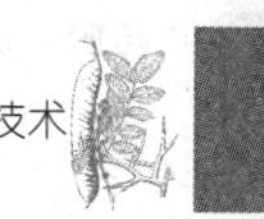

过封土将苗木全部压埋，待来年春季转暖后再扒出，可有效避免野兔啃咬及冬季苗木风干。

(2)捆绑保护物

在树干基部50厘米以下捆绑芦苇、塑料布、金属网等类保护物，或用带刺植物覆盖树体，能起到很好的防护效果。

(3)套置防护套

在树苗或树干基部套置柳条筐、笼或塑料套管等类防护套具，可有效避免野兔对树干的啃食。

(4)涂放驱避物

11月中旬开始，宰杀猪或羊，立即取新鲜血液加入温水稀释15～20倍(注意血液不可凝固)，洒在需保护的中幼林地周围，可达到驱避野兔的作用。在造林时或越冬前，用新型多功能树木生长防护剂——树宝、动物血及骨胶溶剂、辣椒蜡溶剂、鸡蛋混合物、羊油与煤油或机油混合物、浓石灰水等进行树干及主茎涂刷，或在苗木附近放置动物尸骨和肉血等物，可起到很好的驱避作用。

4. 物理杀灭

(1)套捕(杀)

套捕方法主要是利用野兔活动时走固定路线，且常以沟壑、侵蚀沟为道路的习性进行捕杀，常用工具包括铁丝环套及拉网等。其中，拉网套捕方法可以在较大范围内捕捉野兔，适用于开阔平坦的地区。

(2)诱捕(杀)

即利用诱饵引诱野兔入笼的方法。饵料应选用野兔喜食的新鲜材料，如新鲜绿色植物、胡萝卜、水果等。诱捕器可采用陷阱式或翻板式，具有足够大的空间，并应放置在野兔经常出没的地方。

(3)猎捕(杀)

当野兔种群数量较大时，通过当地野生动物保护和森林公安部门，向公安机关或上级主管部门申请，以乡镇或县为单位组建临时猎兔队，在冬季使用猎枪进行限时、限地、限量地猎杀。使用猎枪时，要有专人负责枪支的发放与保存，签订枪支责任状，并做好相关宣传工作。

5. 化学防治

化学防治应依据仿生原理，使用既不杀伤非靶动物、又能控制有害动物数量的制剂，以压缩有害动物种群密度，降低有害动物暴发增长的幅度，并保护生态环境，维持有害动物与天敌之间数量平衡。目前，不育剂是主要的化学防治药剂。不育剂的使用时间因其类型差异而略有不同，抑制精子、卵子排放的不育剂，要在野兔繁殖活动开始之前的一段时间内进行投放；作用于胚胎的不育剂，一般在野兔怀孕期间使用。

应用植物性不育剂作用于雌雄野兔，破坏其生殖能力，降低其出生率，从而达到降低野兔种群密度的目的。用不育剂与饵料按1∶15 的比例搅拌均匀，于野兔食物缺乏时期的 3 月底和 11 月下旬在需保护的林地投饵，按照每 30 米 ×30 米投放 1 堆，尤其注意在兔道上投药，每堆 100 克，每公顷用药 2. 5 千克。第一年投药 2 次，每公顷 5 千克，第二年以后，每年 3 月初投药一次，每公顷 2. 5 千克，从而达到长期控制的目的。

选用高效、低毒、无二次中毒、不污染环境的新型制剂，C 型肉毒素配制成含量为0. 2% 的毒饵。防治时间同上，先将 C 型肉毒素冻干剂稀释，将稀释的冻干剂 2 毫升加入 80 毫升水中拌匀，再与 1 千克饵料充分拌匀，放置 1 小时，使药液充分被饵料吸收，直至搅拌器底部无药液，毒饵最好在 3 天内放完。饵料应按每 40 米 ×40 米投放 1 堆，每堆 5 ~ 8 克，每公顷用药 75 克左右。此方法可在短期内降低野兔密度。

6. 封套保护技术

封套保护技术是利用某些材料将目的植物易害部位包被起来，使其避免与害兔接触，达到预防兔害的目的。该类方法主要适合新造林、幼林和园林绿化造林的兔害预防。

(1)套笼法

因地制宜选用各种编织材料，编成梯形筐，造林时套在苗木上，既可预防野兔等地面害兔的危害，又可有效地预防牛羊等家畜和其他大型食草动物对苗木的危害。陕西北部农民采用此法，利用当地盛产的沙柳条，编成柳条筐套在造林苗木上，对野兔危害的预防达100%，有效地抑制了野兔对当地新造幼林的危害，提高了造林保存率。

(2)塑料袋填土法

是利用直径为5~10厘米，高20~25厘米的废旧塑料，将底剪掉，造林时套在苗木的干基部，然后填满细土。这种方法的优点是材料来源广泛，对当年新造林预防效果明显；缺点是费工费时，效果仅能保持1年左右，同时，可能造成一定的白色环境污染。

(3)网套法

用稻草和其他干草搓成细绳，将地上50厘米树干绕严密，形成保护层。也可在植株外10~15厘米处，三角形埋3根50~60厘米高木桩，将废弃的塑料包装袋去底套在3根木桩外围，形成网套。这两种办法简单易行，对防治地面害兔效果较好。

7. 空间阻隔保护技术

空间阻隔保护是根据兔类活动规律，利用农业技术将目的植物与害兔进行空间隔离的方法。

(1)深坑栽植法

造林时，将根系周围15~25厘米的地面下降20~30厘米，既可避免地下害兔对林木根系的啃食，又可避免野兔类对林木地上部分的危害。根据这一试验结果，东北林区发明了在缓坡地深沟造林技术，即造林时，在林地开长3~5米，宽30~50厘米，深30~50厘米的沟，将苗木定植在沟底，或将药材等经济作物种植在沟底，有效地预防了东北鼢兔和东北兔等害兔对目的植物的危害。与此同时，陕北林区创造了深坑栽植技术，即在坡度较大的黄土沟壑区造林时，挖深1米的大坑，回填表土至50厘米，然后将苗木定植在坑底，对甘肃鼢兔和草兔危害的预防效果在95%以上。

(2) 堆土预防

结合冬季防寒，在上冻前培土堆，高达第一主枝以下，可预防野兔对果树的危害。

(3) 障碍防治法

用稻草和其他干草搓成细绳，将地上50厘米树干绕严密，形成保护层。

(4) 选用大苗造林

用3年生苗造林，可有效地预防野兔对苗木造成危害。

# 参考文献

蔡平．2003. 园林植物昆虫学[M]．北京：中国农业出版社.

陈凤响．2014. 园林植物常见虫害防治措施[J]．现代农村科技，(24)：26－24.

陈思．2018. 砧木的选择对皂荚嫁接成活率及生长的影响[J]．现代农业研究，(8)：71－74.

范定臣，董建伟，骆玉平．2013. 皂荚良种选育研究[J]．河南林业科技，33(4)：1－3.

房用，杜华兵，王卫东，等．2009. 荒山生态林营造技术研究[J]．山东林业科技，(3)：24－28.

顾万春，兰彦平，孙翠玲．2003. 世界皂荚(属)的研究与开发利用[J]．林业科学，39(4)：127－133.

郭立民．2011. 皂荚的繁育栽培技术及用途[J]．山西林业科技，40(3)：51－52.

国家林业局植树造林司，国家林业局森林病虫害防治总站．2002. 森林植物检疫对象图册[M]．哈尔滨：东北林业大学出版社.

韩丽君．2014. 野皂荚嫁接皂荚技术研究[J]．山西林业科技，43(4)：7－9.

郝向春，韩丽君，王志红．2012. 皂荚研究进展及应用[J]．安徽农业科学，40(10)：5989－5991.

郝向春，韩丽君，于文珍，等．2014. 果刺两用皂荚优良无性系选育研究[J]．山西林业科技，43(4)：1－4.

郝向春．2014. 基于改接皂荚的野皂荚林改造模式研究[J]．山西林业科技，43(4)：5－6.

贾军，韩丽君，郝向春，等．2015. 野皂荚种子催芽技术研究[J]．山西林业科技，44(3)：14－15，43.

贾仙萍．2014. 浅谈杀菌剂在林木上的作用特性和使用方法[J]．内蒙古林业调查设计，(5)：76－77.
蒋建新，张卫明，朱莉伟，等.2003. 野皂荚资源分布及开发利用[J]. 中国野生植物资源，22(5)：22－24.
孔红岭，孙明高，孔艳菊，等.2007. 盐分、干旱及其交叉胁迫对皂角幼苗生长性状的影响[J]. 中南林业科技大学学报：自然科学版，27(1)：55－59.
孔艳菊，孙明高，魏海霞，等.2007. 土壤盐分及干旱胁迫对皂角幼苗生长和叶片保水力的影响[J]. 河北农业大学学报，30(1)：39－44.
兰彦平，顾万春，吐拉克孜.2002. 皂荚栽培技术[J]. 林业实用技术，(2)：21－22.
兰彦平，顾万春.2006. 北方地区皂荚种子及荚果形态特征的地理变异[J]. 林业科学，42(7)：47－51.
李丰，刘荣光，宝山，等.1999. 选择诱杀树种防治光肩星天牛、黄斑星天牛的研究[J]. 北京林业大学学报，(4)：3－5.
李建军，王君，何佳宾，等.2014. 皂荚种植技术规范化操作规程(SOP)[J]. 农业科学，4(6)：151－159.
李建军，尚星辰，任美玲，等.2017. 皂荚实生苗与嫁接苗皂刺单株质量及药用成分含量比较[J]. 河南农业科学，46(8)：107－110.
李景一，费廷瑞.1994. 平庄地区的混交造林[J]. 内蒙古林业科技，(4)：18－21.
李庆梅，刘艳，侯龙鱼，等.2009. 几种处理方式对皂荚直播造林地微环境和出苗率的影响[J]. 林业科学研究，22(6)：851－854.
李铁民，杨静，郝向春.2000. 太行山低质低效林类型划分及其改造技术[J]. 山西林业科技，(3)：9－14.
李艳目.2008. 皂荚树的利用价值及栽培技术[J]. 现代农业科技，(13)：85－86.
李莹桥，刘洪章.2011. 山皂荚应用研究进展[J]. 安徽农业科学，39(16)：9611－9613.
李跃忠，陈培昶.2004. 园林农药安全使用技术[M]. 北京：中国农业出版社.
连永刚，张大龙.2002. 皂荚播种育苗[J]. 林业实用技术，(11)：28.
梁静谊，安鑫南，蒋建新，等.2003. 皂荚化学组成的研究[J]. 中国野生植物资源，22(13)：44－46.
刘红，张文秀.2014. 果树修剪的意义及技术要领[J]. 中国园艺文摘，(8)：207－208.

刘辉强. 2010. 林木施肥研究概述[J]. 安徽农学通报(下半月刊), (10): 139 - 141.

刘晓敏, 董立峰. 2007. 皂荚瓜尔胶的提取及其性能[J]. 河北科技师范学院学报, 21(3): 33 - 35.

刘亚辉, 张旭玲. 2012. 容器育苗技术[J]. 现代农业科技, (4): 247 - 248.

陆海霞. 2018. 果树修剪技术要点及病虫害防治分析[J]. 农业工程技术, 38(17): 33 - 34.

牛金伟, 程晓娜, 王晓丽. 2009. 皂荚优质丰产栽培技术[J]. 现代农业科技, (16): 167.

潘瑞炽. 2004. 植物生理学(第五版)[M]. 北京: 高等教育出版社.

戚连忠, 汪传佳. 2004. 林木容器育苗研究综述[J]. 林业科技开发, (4): 10 - 13.

山西省林业科学研究院. 2001. 山西树木志[M]. 北京: 中国林业出版社.

邵金良, 袁唯, 董文明, 等. 2005. 皂荚的功能成分及其综合利用[J]. 中国食物与营养, (4): 23 - 25.

邵金良, 袁唯. 2005. 皂荚的功能作用及其研究进展[J]. 食品研究与开发, 26(2): 48 - 50.

沈妙福. 1997. 皂荚的临床运用[J]. 北京中医, (2): 39 - 40.

宋素平, 宋卫平. 2016. 山皂荚育苗技术[J]. 山西林业科技, 45(1): 42 - 43.

孙小茹, 潘娜, 王珺, 等. 2019. 果树栽培与管理的技术探析[J]. 现代园艺, (1): 75 - 76.

王东方. 2019. 果树修剪技术要点及病虫害防治方式分析[J]. 现代园艺, (8): 43 - 44.

王蓟花, 唐静, 李端, 等. 2008. 皂荚化学成分和生物活性的研究进展[J]. 中国野生植物资源, 27(6): 1 - 3.

王书强. 2018. 果树修剪技术要点及病虫害防治方式分析[J]. 农民致富之友, (2): 105 - 106.

王秀丽. 2018. 浅谈春季造林技术与管理[J]. 内蒙古林业调查设计, 41(6): 37 - 38.

王旭东. 2018. 花椒树流胶病防治办法[J]. 农村经济与科技, (22): 42 - 43.

王宴荷. 2017. 臭椿常见病虫害及防治技术[J]. 农业科技与信息, (14): 81 - 82.

王志华. 2015. 林木施肥研究历程及施肥效应分析[J]. 山西林业, (03): 27 -

28.
卫志勇. 2018. 皂荚产业发展综述[J]. 防护林科技, (2): 53-54.
魏蓉. 2019. 皂荚虫害防治技术[J]. 现代农业研究, (9), 83-84, 111.
魏耀远. 2015. 皂角树繁殖及栽培管理技术[J]. 现代园艺, (2): 42-43.
吴蓓蓓, 孟江海, 王晓龙. 2012. 天牛综合防治技术[J]. 现代农村科技, (14): 32.
武三安. 2006. 园林植物病虫害防治[M]. 北京: 中国林业出版社.
席智. 2018. 山西皂荚育苗栽培技术[J]. 山西林业, (2): 34-35.
萧刚柔. 1992. 中国森林昆虫[M]. 北京: 中国林业出版社.
徐公天. 2007. 中国园林害虫[M]. 北京: 中国林业出版社.
徐光余, 杨爱农, 丁钊, 等. 2008. 合欢双条天牛初步研究[J]. 河北农业科学, 12 (3): 71-72.
徐梅卿. 2008. 中国木本植物病原总汇[M]. 哈尔滨: 东北林业大学出版社.
徐琮, 郝向春, 郜慧萍. 2019. 赤霉素对皂荚主干枝刺生长的影响[J]. 山西林业科技, 48(1): 36-38.
许鹏. 2017. 山西皂荚造林技术[J]. 山西林业, (1): 22-23.
许洋, 许传森. 2006. 主要造林树种网袋容器育苗轻基质技术[J]. 林业实用技术, (10): 37-40.
杨海东. 2003. 皂荚的多种功效及其绿化应用[J]. 贵州农业科学, 31 (4): 73-74.
杨华廷, 白书太, 高保顺. 2003. 野皂荚生物学特性的初步观察[J]. 河北林果研究, 18(1): 28-32.
杨晓峪, 李振麟, 濮社班, 等. 2015. 皂角刺化学成分及药理作用研究进展[J]. 中国野生植物资源, 34(3): 38-41.
姚永胜, 马秀琴. 1998. 银川地区皂角引种及造林试验[J]. 宁夏农林科技, (6): 34-35.
叶红, 姜卫兵, 魏家星, 等. 2014. 皂荚的资源文化特征及综合开发利用[J]. 湖南农业科学, (16): 24-26, 29.
翟瑜. 2014. 皂荚实生苗培育及嫁接关键技术研究[J]. 山西林业科技, 43(4): 10-11.
张爱平. 2016. 喀喇沁旗常见林木虫害防治措施[J]. 内蒙古林业, (1): 13.
张风娟, 徐兴友, 孟宪东, 等. 2004. 皂荚种子休眠解除及促进萌发[J]. 福建林学院学报, 24(2): 174-178.

张文祥.2017. 花椒病虫害防治技术研究[J]. 种子科技，(10)：98，100.

张祖成，黄春晖.2011. 皂荚栽培技术及利用价值[J]. 农技服务，28(7)：1068－1069.

赵师成.2003. 皂荚的栽培与利用[J]. 特种经济动植物，(3)：24.

赵维红.2019. 浅析果树修剪技术要点及病虫害防治方式[J]. 种子科技，37(10)：101－105.

赵晓斌，何山林，李灵会.2012. 药用皂荚树的栽培管理技术[J]. 现代园艺，(22)：45－47.

郑健，蒋鹤，张晓萌，等.2013. 野皂荚种子萌发特性研究[J]. 西北林学院学报，28(6)：46－50.

中国植物志编委会.1978. 中国植物志(第七卷)[M]. 北京：科学出版社.

周仲铭.1990. 林木病理学[M]. 北京：中国林业出版社.

CALKINS J B, SWANSON B T. 1996. Comparison of conventional and alternative nursery field management systems: tree growth and performance[J]. Journal of Environmental Horticulture, 14(3): 142－149.

CALKINS J B, SWANSON B T. 1998. Plant cold acclimatio, hardiness, and winter injury in response to bare soil and groundcover－based nursery field management systems[J]. Journal of Environmental Horticulture, 16 (2): 82－89.

CHURACK P L, MILLER R W, OTTMAN K, et al. 1994. Relationship between street tree diameter growth and projected pruning and waste wood management costs[J]. Journal of Arboriculture, 20(4): 231－236.

PARK SANG BUM, JO JONG SOO, KOO JA OON, et al. 1996. Studies on utilization of oil－producing forest resources. (II) Development of natural cosmetics for skin [J]. FRI Journal of Forest Science Seoul, 53: 102－109.

TABOR I, RES B, SOUCKOVA M. 1998. Preservation of the gene pool of memorable trees in Southern and Eastern Bohemia[J]. Acta Pruhoniciana, 6(7): 84.

# 附录　皂荚栽培年周期管理工作历

| 季节 | 主要工作项目 | 月份 | 主要技术 |
| --- | --- | --- | --- |
| 春季管理 | 1. 皂荚播种<br>2. 整形修剪<br>3. 病虫害防治<br>4. 接穗采集<br>5. 苗木定植 | 3月 | (1)病虫害防治。主要防治皂荚蚜虫、幽木虱、豆象、切干虫等。3月初，树干绑缚粘虫胶带，防止越冬害虫上树为害；芽萌动前15天左右喷3~5度石硫合剂；4月上旬在树干下部涂药环，在树盘内一亩撒施3%辛硫磷颗粒剂4~5千克，浅锄一遍；<br>(2)整形修剪。萌芽前根据结刺、结果需要进行整形修剪，剪除过密枝、徒长枝、病虫枝、细弱枝，同时对过密皂荚园进行间伐；<br>(3)预防霜冻。进行灌溉、堆放农作物秸秆、覆膜、施肥等，预防晚霜危害；<br>(4)接穗采集。时间从皂荚落叶后直到翌年树液流动前都可进行，以3月采集为佳。选择生长健壮，发育充实，髓心较小，无病虫害，无机械损伤，粗度在0.8~1.5厘米的1年生枝。接穗采集后，按所需的长度进行剪截，枝条过粗的应稍长些，细的不宜过长。剪穗时应注意剔除有损伤、腐烂、失水及发育不充实的枝条，并且对结果枝应剪除果痕；<br>(5)苗木定植。株行距按2米×3米或2米×4米定植，“品”字形栽植 |
|  | 1. 嫁接<br>2. 病虫害防治<br>3. 中耕除草<br>4. 抹芽<br>5. 施肥<br>6. 灌水 | 4~5月 | (1)病虫害防治。可选用药剂有螺虫乙酯、吡虫啉、阿维菌素、甲基托布津、乙磷铝、必得利、苯醚甲环唑等，根据药剂有效成分含量，按使用说明浓度配制，混配时杀虫剂不超过3种，杀菌剂不超过2种；皂荚谢花后可喷施40%氧化乐果150倍，任选其一树冠喷雾杀死虫卵及初孵幼虫。对花果危害的害虫食心虫等用拟除虫菊脂类药物全株喷洒1~2次。应注意防治立枯病，用30%甲霜恶霉灵800倍液或38%噁霜嘧铜菌酯1000倍液进行喷雾；<br>(2)中耕除草。出苗初期，一般松土2~4厘米，全园进行一次锄草松土，改善土壤理化性状，防止皂荚树体根部荒芜；<br>(3)抹芽。抹除位置不当或生长不良的芽；<br>(4)灌水。苗木生长初期采取少量多次的办法，出苗期要适当控制灌溉，只要地面处于湿润状态，土壤不板结就不必灌溉，嫁接前、后7~10天分别灌水一次；<br>(5)施肥。放射沟或开沟追肥，肥料以速效性氮肥为主，适量施磷肥，施肥后浇水。可结合防虫加0.5%尿素进行根外追肥 |

（续）

| 季节 | 主要工作项目 | 月份 | 主要技术 |
|---|---|---|---|
| 夏季管理 | 1. 抹芽<br>2. 病虫害防治<br>3. 追肥 | 6月 | (1)病虫害防治。对食叶性害虫如蚜虫等，5月上旬喷施1～2次50%的辛硫磷1000～1500倍液或亚胺硫磷25%乳油1000倍液，也可喷施40%氧化乐果乳油1000倍液或90%敌百虫原液800倍；<br>(2)追肥。皂荚落花后果实膨大期追速效氮肥为主，随追肥随灌水 |
| | 1. 灌水抗旱<br>2. 中耕除草和施肥<br>3. 树盘覆盖 | 7～8月 | (1)灌水。速生期苗木生长快，气温高，应次少量大，一次灌透。每年的6～8月，是皂荚苗生长盛季，可以根据天气和苗木生长状况，适时适当灌溉，宜采用侧方灌溉和喷灌，在早晨、傍晚或夜间进行；<br>(2)追肥。根据皂荚树体生长与结果情况，适当追肥，追施肥最迟不能超过8月。若出现微量元素缺乏症，要及时叶面追肥，缺铁(叶发黄)可喷施1%～3%硫酸亚铁，缺锌(小叶症)可喷施硫酸锌。<br>(3)树盘覆盖。覆盖树叶、秸秆或地膜，做好防旱降温工作 |
| 秋季管理 | 1. 荚果采收<br>2. 荚果处理与贮藏<br>3. 病虫害防治<br>4. 清理园地 | 9～10月 | (1)病虫害防治。夏末秋初应注意防治白粉病，药剂防治冬季用4或5度波美石硫合剂或50%硫磺胶悬剂500倍液喷树干、枝条。发病初期喷洒40%多硫胶悬剂800倍液或70%甲基硫菌灵可湿性粉剂1000倍液、50%硫菌灵或50%苯菌灵可湿性粉剂1500倍液，间隔10～15天一次，连喷2次。可用1%～2%硫酸钾或5%多硫化钡喷叶背，能抑制病害蔓延。对上述杀菌剂产生抗药性的地区，可改用40%杜邦福星乳油8000倍液；<br>(2)采收及贮藏。10月进入荚果采收期，根据成熟度分期分批采收，采收前20天应停止用药；刚采下的荚果质软，可立即用剪子剪开取出种子；荚果干后质地变硬不易剥开，要用石碾将表皮碾碎，筛取种子。收集到的种子应把其中的干瘪粒、破碎粒及感染病虫害和霉变的颗粒拣出，剩余饱满颗粒装袋，置于干燥处保存备用；<br>(3)清理园地。皂荚园清除杂草，翻压作绿肥 |

（续）

| 季节 | 主要工作项目 | 月份 | 主要技术 |
| --- | --- | --- | --- |
| 冬季管理 | 1. 园地翻耕<br>2. 修剪 | 11～12月 | (1)园地翻耕。要求树冠内浅外深，进行深翻、施肥、培土，做好越冬防寒工作；<br>(2)修剪。结合修剪工作，彻底刮除有流胶的溃疡性病斑，刷除害虫卵块，对皂荚干枝、残枝、病枝全部清除，集中烧毁；然后用等量的石硫合剂掺合石灰，调制成糊状，涂病斑处或将硫酸铜、石灰、水按1:3:15的比例配制成波尔多浆涂抹，对未受害的皂荚树基部可涂抹石硫合剂，防止病害侵入 |
|  | 1. 灌水<br>2. 施肥<br>3. 整地<br>4. 土壤消毒<br>5. 树干刷白<br>6. 整修苗圃及水利设施 | 1～2月 | (1)灌水。冬季土壤封冻前灌足越冬水；<br>(2)施肥整地。在整地前施基肥，以农家有机肥为主，适当配施饼肥及复合肥，用肥量在每亩5000千克左右或腐熟饼肥2250千克，缺磷的土壤每公顷增施磷肥600千克，均匀撒施，基肥施入土壤后要深翻入土，翻耕深度在20～25厘米，随耕翻随耙，使肥土充分混合；<br>(3)土壤消毒。常用方法有以下几种：①硫酸亚铁(工业用)消毒，每平方米用30%的水溶液2千克，于播种前7天均匀地浇在土壤中，或每亩撒施20～40千克硫酸亚铁粉末，在整地时施入表土层中灭菌。②福尔马林(工业用)消毒，每平方米用福尔马林50毫升，加水6～12升，种前7天均匀地浇在土壤上。浇后用塑料薄膜覆盖3～5天，翻晾无气味后播种；③五氯硝基苯(75%可湿性粉剂)75%＋敌可松(70%可湿性粉剂)25%混合消毒，每平方米用4～6克，混拌适量细土，撒于土壤表层或播种沟中灭菌。④代森锌消毒，每平方米用3克混拌适量细土，撒于土壤表层中进行灭菌。⑤辛硫磷(50%)杀虫，每平方米用2克，混拌适量细土，撒于土壤中，此药主要起杀虫作用；<br>(4)刷白：石灰5千克、硫磺0.5千克、食盐100克、植物油100克，用水调成糊状 |

皂荚栽培园

皂荚造林

皂荚播种育苗

皂荚嫁接育苗

皂荚采穗圃

皂荚繁殖圃

野皂荚改造

野皂荚嫁接改接

皂荚高接换优

皂荚丰产性

皂荚稳产性

皂荚早产性

皂荚花

‘帅丁’皂荚

‘帅丁’皂荚刺

‘帅丁’皂荚果

‘帅荚1号’

‘帅荚1号’荚果

‘永济’皂荚优树

‘帅荚2号’

‘帅荚2号’荚果

‘晋皂1号’

‘晋皂1号’荚果

‘晋皂2号’

‘晋皂2号’荚果

‘晋皂3号’

‘晋皂3号’荚果